直流电阻率有限单元法及进展

任政勇 汤井田 潘克家 邱乐稳 王飞燕 著

科学出版社
北 京

内 容 简 介

本书介绍了直流电阻率的有限单元法模拟技术。全书共 7 章，书后含附录。第 1 章介绍了直流电阻率法数值模拟的背景、有限单元法在该领域的应用现状及基本策略；第 2 章对标准的有限单元法进行了详细的阐述，分析了其各个过程所存在的缺陷，包含边值问题的处理、网格单元的离散、大型稀疏方程组的求解及数值模拟结果的评价；第 3 章介绍了基于非结构网格的自适应加密有限元法；第 4 章引入了外推瀑布式多网格的有限元法；第 5 章和第 6 章对面向目标的自适应有限元法做了详细的介绍，其中第 5 章针对各向同性介质，而第 6 章延伸到各向异性介质；第 7 章总结全文；附录为一些基本模型的电场解析解。

本书可供地球物理专业的本科生、研究生及从事这方面工作的科研、工程技术人员阅读，也可作为计算数学专业师生的参考资料。

图书在版编目(CIP)数据

直流电阻率有限单元法及进展/任政勇等著. —北京：科学出版社，2017.9

ISBN 978-7-03-054497-1

Ⅰ.①直… Ⅱ.①任… Ⅲ.①直流-电阻率-有限元法 Ⅳ.①O441.1

中国版本图书馆 CIP 数据核字(2017)第 224494 号

责任编辑：王 运／责任校对：张小霞
责任印制：赵 博／封面设计：铭轩堂

科学出版社 出版
北京东黄城根北街 16 号
邮政编码：100717
http://www.sciencep.com
北京天宇星印刷厂印刷

科学出版社发行　各地新华书店经销

*

2017 年 9 月第 一 版　开本：720×1000　1/16
2025 年 2 月第三次印刷　印张：11　插页：2
字数：252 000

定价：88.00 元
(如有印装质量问题，我社负责调换)

前　　言

　　直流电阻率法是一种得到广泛认可的地球物理探测方法，可以有效探测浅地表的电导率结构，在19世纪早期就被应用于寻找地下电阻率异常体。对于地下露出的浅层电导率或电阻率结构，直流电阻率法是最简单的方法。由于其具有低消耗和高效率的特点，直流电阻率法被广泛应用在工程和环境地球物理、水文地球物理、野外采矿、地热探测等领域。

　　直流电阻率法在不同的电极排列装置下测量地表的电位，再转换成视电阻率值，以更加清晰地反映地下的电阻率结构。电阻率成像技术的基础是直流电阻率正演，对于一些简单的地下构造，存在相应的解析表达式，然而对于复杂模型尤其带起伏地形时，只能采用数值解去模拟，为了真实再现地下的物性结构，我们需要寻求精确的解，为了快速甚至实时地实现电阻率成像，我们需要开发非常高效的算法。随着野外采集仪器的发展和计算水平的提高，高精度和高效地求解三维带地形复杂模型是时下的难点和热点。

　　当前，广泛应用于稳定电流场的数值模拟方法主要有以下四种：边界单元法、积分方程法、有限差分法、有限元法。对于带任意地形的复杂电阻率模型，基于非结构化网格的有限元法是最合适的选择。本书阐述了直流电阻率数值模拟的有限元法及其进展。我们简要地说明了直流电法的发展历史及有限元法的应用现状，重点介绍了电阻率模拟的标准有限元法存在的一些问题以及我们的解决策略，并采用一些综合的模型验证了我们的算法。在直流电阻率正演中，为了更好地模拟边界上场的变化，我们推荐使用第三类混合边界条件；为了解决复杂的地形问题并且去除源附近的奇异性，我们推荐应用"虚拟场"的求解策略；为了模拟带起伏地形的复杂模型结构，我们建议采用单元质量可控的非结构化网格；为了改善标准有限元法的数值精度，我们提出了局部网格加密技术；为了降低人工网格剖分可能带来的误差，我们开发了自适应的网格加密策略以得到更为合理的网格密度分布，并且比较了不同的后验误差估计策略的特性；为了进一步提高观测点的数值解精度，并考虑计算成本，我们应用了面向目标的概念以自适应地加密测点附近区域；为了使算法更能符合地下构造的实际情况，我们考虑了地下介质的各向异性。

本书第1章、第2章大部分、第3章、第5章、第7章由任政勇撰写，第4章由潘克家撰写，第6章由邱乐稳撰写，王飞燕撰写了第2章的一部分，相应部分的数值例子也分别由各自作者负责验证。全书由汤井田统稿。本书的附录来源于李金铭编写的《地电场与电法勘探》一书，在此表示衷心的感谢。

本书得到了中南大学创新驱动项目（2016CX005，2015CX008)、国家自然科学基金项目（41574120，41474103）的资助，在此表示感谢。

由于作者水平有限，书中难免有错误或不妥之处，欢迎广大读者批评指正。

作　者

2017年6月

目 录

前言
第1章 绪论 ··· 1
  1.1 直流电阻率发展历史：简史及现状 ······································ 1
  1.2 电位的数值解法概述 ·· 4
  1.3 有限单元法的应用现状 ·· 6
  1.4 任意复杂地电模型计算 ·· 6
  1.5 电阻率有限元法的基本策略 ·· 8
第2章 电阻率模拟的有限单元法 ·· 11
  2.1 边值问题 ··· 11
    2.1.1 3D 边值问题 ·· 11
    2.1.2 2.5D 边值问题 ·· 13
  2.2 3D 边值问题的求解策略 ·· 14
    2.2.1 总场法求解策略 ··· 14
    2.2.2 二次场法求解策略 ··· 15
    2.2.3 三维地形的处理策略 ··· 17
    2.2.4 开域边界条件 ··· 21
  2.3 2.5D 边值问题的求解策略 ·· 23
    2.3.1 总场法求解策略 ··· 23
    2.3.2 最佳波数及反 Fourier 变换的求解策略 ······························· 24
    2.3.3 最佳波数数值验证 ··· 25
  2.4 单元离散化技术 ··· 27
    2.4.1 结构化网格生成技术 ··· 27
    2.4.2 非结构化网格生成技术 ··· 28
  2.5 有限元单元分析 ··· 29
    2.5.1 三角形单元 ··· 29
    2.5.2 四边形单元 ··· 32
    2.5.3 四面体单元 ··· 34
    2.5.4 六面体单元 ··· 36
  2.6 大型稀疏方程求解 ··· 38

	2.6.1	对称正定性	38
	2.6.2	稀疏矩阵的压缩存储	39
	2.6.3	直接法和求解器	41
	2.6.4	预处理共轭梯度法和求解器	42
2.7	数值模拟结果与评价		45
	2.7.1	数值模拟的评价标准	46
	2.7.2	单元形状与数值解精度的关系	46
	2.7.3	网格加密技术与数值解精度的关系	47
	2.7.4	求解器性能对比	54
2.8	本章小结		56

第3章 基于非结构化网格的自适应有限元法 57

3.1	传统有限元法不足之处		57
3.2	Z-Z 后验误差估计方法		58
3.3	h 型自适应有限元方法		61
3.4	数值计算结果及评价		63
	3.4.1	3D 结果	63
	3.4.2	2.5D 结果	68
	3.4.3	自适应加密与带地形复杂模型	78
3.5	本章小结		82

第4章 外推瀑布式多网格有限元法 83

4.1	外推瀑布式多网格法		84
	4.1.1	Richardson 外推	84
	4.1.2	二维网格外推	87
	4.1.3	三维网格外推	87
	4.1.4	EXCMG 算法步骤	89
	4.1.5	EXCMG 算法测试	90
4.2	边值问题及有限元分析		92
	4.2.1	边值问题	92
	4.2.2	有限元分析	93
4.3	数值模拟及评价		94
	4.3.1	EXCMG 速度分析	94
	4.3.2	EXCMG 精度分析	96
4.4	本章小结		100

第5章 面向目标的自适应有限元法 101

5.1	背景概述		101

5.2		虚拟电位的边值问题······	102
5.3		虚拟电位的误差······	105
5.4		面向目标的网格自适应计算······	107
5.5		数值模拟及评价······	108
	5.5.1	虚拟场法对比总场方法······	108
	5.5.2	多电极系统······	110
	5.5.3	收敛速度······	110
	5.5.4	处理复杂地电模型的性能······	112
5.6		本章小结······	114

第6章 电阻率各向异性问题的自适应有限元法······115
- 6.1 理论背景······115
- 6.2 基于虚拟场的边值问题······117
- 6.3 后验误差估计及面向目标自适应方案······121
- 6.4 数值模拟及评价······125
  - 6.4.1 各向异性悖论······125
  - 6.4.2 最优化后验误差估计选择······127
  - 6.4.3 带地形各向异性模型适应性······130
  - 6.4.4 处理复杂各向异性模型的性能······133
- 6.5 本章小结······135

第7章 总结及后续工作······136
- 7.1 总结······136
- 7.2 后续工作······139

参考文献······141

附录 简单模型解析解······153
- A.1 点电流源电流场中球体的电场······153
- A.2 在垂直接触面不同岩石中的点源电场······157
- A.3 多层水平地层地面点电流源的电场······159
- A.4 点电流源中均匀非各向同性无限介质的电场······163

彩图

第1章 绪 论

1.1 直流电阻率发展历史：简史及现状

早在 20 世纪，直流电阻率法(direct current resistivity method，DC)就已经被应用于寻找地下电导率异常体。1912 年，Conrad Schlumberger 引入开创性的电阻率探测技术，几乎在同时，Wenner 提出了类似的方法。基于 Schlumberger 与 Wenner 的经典方法，直流电法被广泛应用到矿产资源勘探、地下水检测、工程地质和水文地质勘探中。

Dahlin(2001)综述了近年直流电阻率成像技术，表明电阻率成像法被广泛应用于环境与工程勘探中。Denis 等(2002)使用直流电法进行城市隧道探测，通过对比已知地质资料，指出电阻率成像法在城市隧道探测的可靠性。Dahlin 等(2002)使用电阻率成像法对污染的污泥处理厂进行探测，得到的电性结构与地质资料十分吻合，并指出三维探测和三维反演技术对工程与环境勘察十分有效。Bentley 和 Gharibi(2004)使用二维和三维电阻率成像法高效、高精度地探测了天然气厂选址地的电性结构。Chambers 等(2006)在某废物处理站使用二维和三维电阻率成像法进行水文地质探测，有效地确定了采石场的埋藏位置。Wilson 等(2006)在新爱尔兰某海岸进行直流电阻率法勘探，通过两侧的电阻率差异，借助二维电阻率剖面图有效地分辨出盐水界面。Tsokas 等(2008)在雅典教会教堂附近进行直流电阻率法勘探，借助反演技术，查明了地下可能存在的古井和其他人造建筑。Jones 等(2009)使用三维电阻率成像法圈定了断层位置，并比较了四极装置和偶极装置对于圈定断层的优劣，表明二者相结合能更高精度地对地下介质成像。Brunet 等(2010)使用直流电法监测了法国某地区的土壤含水量。Rucker 等(2010a)在某油库使用长电极进行直流电阻率成像探测，有效地查明该油库周围的横向污染物的范围。Muchingami 等(2012)使用直流电法进行地下水探测，表明直流电法适合地下水探测和长时间的监测。

许新刚等(2004)以徐州市某废弃的人防工程勘察项目为例，介绍了三维直流电法勘探的施工技术及其在工程勘察领域的良好应用效果。刘小军等(2006)将概率成像技术应用到高密度电法中，展示了高密度电法在堤防隐患探测的作用。马德锡等(2008)采用高密度电法对隐伏角砾岩筒、隐伏矿体进行了探测。龚胜平等(2008)通过对一地下人工洞室进行多种装置的直流电阻率法勘探，综合分析了各种装置类型探测结果的视电阻率及场的特征，论述了直流电阻率法探测地下人工洞室的有效性。刘挺(2008)结合大伙房输水隧道涌水的工程实际问题，使用高密度电阻率法查明了涌水的原因与来源，为封堵方案设计提供了准确的科学依据。宋希利等(2010)应用高密度电法探测地下空洞，推测了楼房开挖地基上的空洞位置，用人工探槽、机器开挖等方式进行验证，实践证明高密度电法是地下空洞等地质灾害调查及工程勘察领域的有效手段之一。孟贵祥等(2011)将高密度电法技术引入到石材矿探测中，结果表明高密度电法能清晰地刻画出具有高电阻率特征的石材矿体三维空间形态。郭延明(2012)在鲁南地区采用高密度电阻率法和对称四极电阻率测深法对地下水进行了探测，反演出该地区各电性层的电阻率和厚度信息。董茂干等(2015)借助高密度电阻率法分析了云山溶洞、地面溶蚀洼地、溶沟和山体内暗河在地电断面上显示的特征和相对位置，并总结了云山岩溶发育的特点和分布规律，探讨了云山岩溶生成的机理。刘向红等(2012)利用三维直流电阻率法进行地下水资源勘查，根据反演结果立体地确定了水源井的大体位置和合理深度，并得到了很好的验证。杨天春等(2016)应用高密度电阻率法勘察隐伏岩溶溶洞。

在环境领域，直流电法可以用于调查近地表的生物化学现象(Reynolds，2011)，对于环境的保护管理具有深远影响。典型应用如电阻率法被用于监控经过清理和补救措施之后污染物的聚集情况(Bentley and Gharibi，2004；Slater and Binley，2003；Chambers et al.，2010)。在农业和土壤科学领域，电导率参数是容易获取且有效提高农作物产量的土壤空间特征指标之一(Corwin and Lesch，2003；Corwin and Lesch，2005；Samouëlian et al.，2005)，其对于土壤含水量、盐分、黏粒粒级的灵敏度可以很好地反映和评价农业用地属性及价值、监控生态水文过程及养分循环和储存的土壤特性。在考古和文化遗产领域，电阻率成像与考古调查密切相关(Noel and Xu，1991)。电阻率断面图可以用于辨别大的考古选址及区分埋藏的人造建筑(Gaffney，2008)。电阻率成像对于文化遗产的结构评估、重建、保存(Mol and Preston，2010)也起着重要的作用(Capizzi et al.，2012)。

直流电阻率法也被应用于深部探测几米到几千米的电性结构：Storz等(2000)使用大尺度直流电阻率测深法来探测地球地壳的电性特征，了解地壳的地质结构，理解构造过程，电阻率模型深度范围从地表到地下4km。直流电法还被应用到矿井、海洋及河流勘探问题：胡雄武等(2010)在坑道安全掘进中使用矿井直流电阻率法进行超前探测，分析了多极供电观测数据处理和成果表达及其应用效果，表明矿井电阻率法在坑道安全掘进高分辨率超前预测预报中发挥着重要的作用。Loke和Lane(2004)介绍了一种在海水覆盖地区使用二维直流电阻率法的反演方法，从而得到该地区的电性结构。Rucker等(2010b)在巴拿马运河进行直流电阻率法勘探，有效地评估岩性变化，服务于疏浚工程。何玉海(2016)利用高密度电法研究海水入侵，成功划定了莱州湾地区的海水入侵界面，为灾害治理等提供了一定程度的技术支持。直流电法与其他物探方法被同时使用，进行综合物探勘察：Bayrak 和 Senel(2012)使用直流电阻率法和甚低频(VLF)方法来探测表层电性结构，并精确地确定出硼矿床的边界。Seher 和 Tezkan(2007)使用 RMT 和直流电阻率法提高地表成像精度，很好地成像了土壤的特征，解决了对应的水文地质问题。高密度电阻率法和瞬变电磁法被应用于煤田采空区勘查及注浆检测(杨镜明等，2014)，取得了较好的效果，但也存在探测深度与分辨率的矛盾及人文噪声的干扰问题。

直流电法勘探各项技术的进步，更扩展了其应用空间。除地面、井中、水下以外，井-地、孔间电阻率成像技术以及 3D 电阻率成像技术的应用(Perri et al.，2012；雷旭友等，2009；杨镜明等，2014)，使直流电法的探测精度得到很大提高。基于多通道传感器的电容电阻率成像技术在实验室被成功应用于监控岩石冰冻试验过程(Kuras et al.，2012)，这种方法将有望于研究冰冻圈科学，用于监控冻土条件下的岩石和土壤状态(De Pascale et al.，2008；Krautblatter et al.，2010)。自动监控系统包含数据采集、检索、存储、质量评价以及反演(Ogilvy et al.，2009；Chambers et al.，2012)等也逐步完善以应对数据的自动采集以及大规模数据流的产生，其对于电阻率变化的实时监测将在探测起始问题比如山体滑坡、大坝渗流中发挥更加重要的作用。优化的测量设计算法可自动确定非传统的高效的测量阵列，从而在相同数量的测点中获得更高的图像分辨率(Stummer et al.，2004；Wilkinson et al.，2006)。对于存在大量地下基础设施的区域，常规电极的测量存在困难，而井中长电极可以极大地改善测量精度(Rucker et al.，2010a，2011，2012)，其与一定数量的地表电极的组合(Zhu and Feng，2011)可以尽可能保真地还原地下导电体的延伸。

直流电阻率法基本装置如图 1.1 所示，在供电电极(source electrodes，图中 AB)供入稳态电流，注入电流产生初始电场，进而在地下产生传导电流，在测量电极(potential electrodes，图中 MN)上形成电位差。测量电极的电位差包含了地下电导率分布的信息，通过分析电位差可以推断出地下未知电导率分布，对地下未知地质结构进行成像。为了能够定性判断地下电导率，定义一新变量，即视电阻率(apparent resistivity)：

$$\rho = K \frac{U_M - U_N}{I} \tag{1.1}$$

式中，K 为与电极 $ABMN$ 的排列有关的系数，通常被称为装置系数；U_M 为 M 点的电位(单位为 V)；U_N 为 N 点的电位；I 为供入 AB 电极的电流强度(单位为 A)。采用 4 电极的装置系数 K 一般表达式为

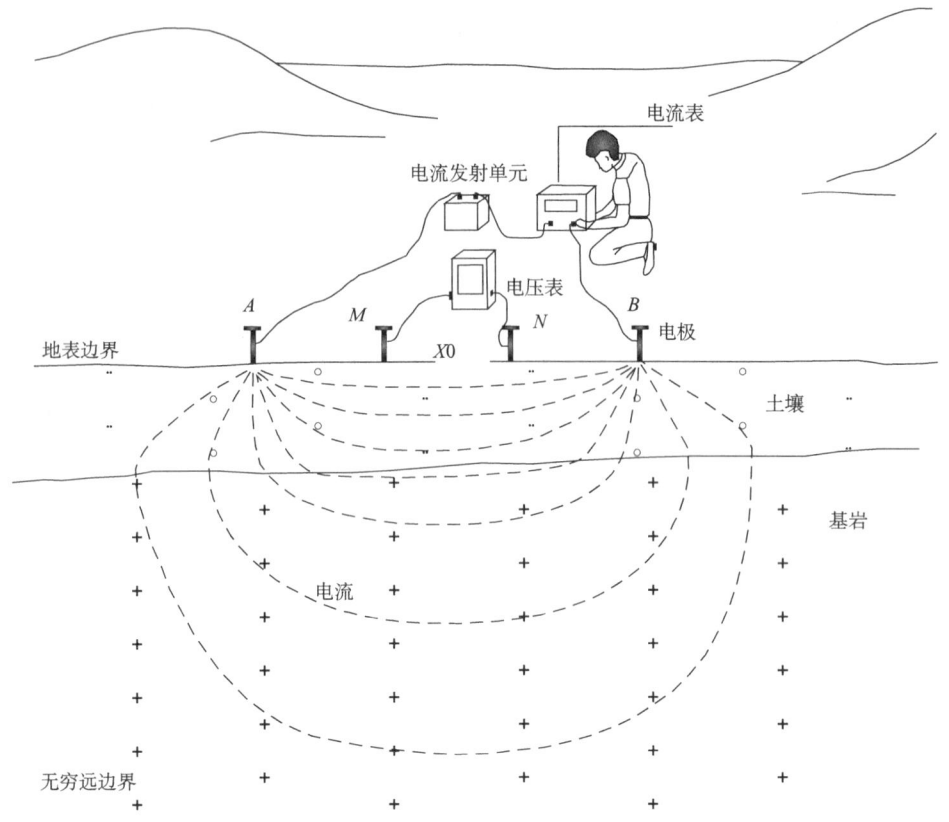

图 1.1 直流电阻率原理和野外数据采集示意(引自 Dahlin, 2001)

$$K = 2\pi \frac{1}{\dfrac{1}{AM} - \dfrac{1}{AN} - \dfrac{1}{BM} + \dfrac{1}{BN}} \quad (1.2)$$

式中，AM 为 A 点到 M 点的距离；AN 为 A 点到 N 点的距离；BM 为 B 点到 M 点的距离；BN 为 B 点到 N 点的距离。装置系数转换观测电位为视电阻率，装置系数的推导一般为确保均匀半空间模型的视电阻率是地下真实电阻率。

1.2 电位的数值解法概述

如图 1.1 所示，结合式(1.1)，可转换观测电位差为视电阻率值，进而预测地下电阻率的分布。这种通过观测视电阻率值进行地下电性结构推测的方法称为直流电法反演。直流电法反演需要在给定电导率模型上计算视电阻率响应，并与实际观测的视电阻率响应对比，当两者在一定程度上吻合时，把当前电导率模型作为最佳模型，结合地质等岩石物理性质，获得地下结构。在给定电导率模型上计算视电阻率响应的过程通常称为正演计算,由此可见反演过程需要多次正演计算。由式(1.1)可知,获得当前模型视电阻率值的核心任务为求解电位的分布。然而,实际地下模型非常复杂,既包含不规则分布的电阻率异常体,又包含任意起伏的地形,电位分布通常很复杂,并不能够轻松获得。种种的不规则性使得仅仅简单模型拥有解析的电位分布,复杂电阻率模型上的电位不能够用解析函数来描述。

虽然电位不存在简单的解析解,但幸运的是,我们可以寻求一组偏微分方程来描述电位 U:

$$\nabla \cdot \boldsymbol{\sigma} \nabla U = f \qquad U \in \Omega$$
$$\frac{\partial U}{\partial \boldsymbol{n}} = g_1 \qquad U \in \Gamma_0 \qquad (1.3)$$
$$\frac{\partial U}{\partial \boldsymbol{n}} + g_2 U = g_3 \qquad U \in \Gamma_\infty$$

式(1.3)为定义在地下求解区域的泊松方程,$\boldsymbol{\sigma}$ 为地下电导率分布(可以是标量或各向异性张量),函数 f 与供电电极位置、电流大小有关。Ω 代表包含起伏地形的地下结构,Γ_0 为起伏地形界面,Γ_∞ 为无穷远边界,$\boldsymbol{n}$ 为边界 Γ_0 或 Γ_∞ 上的单位外法向向量。函数 g_1, g_2, g_3 表达式取决于不同的边界条件近似策略,并被用来确保电位的唯一性(Nabighian, 1988)。

由式(1.3)可以看出,直流电阻率的控制方程为二阶椭圆偏微分方程,在电源点处,电位存在奇异性。寻求式(1.3)的解析表达式存在相当大的困难,因此往往只能寻求数值解。当前,较为成熟的数值解方法大致可以归纳为积分方程法、有限差分法和有限单元法(finite-element method)。积分方程法仅仅对异常体进行剖分求解,进而求解消耗低,曾广泛用于直流电阻率数值模拟中(Dieter et al., 1969; Okabe, 1981; Xu et al., 1988, 2000; Li and Uren, 1997a; Xu et al., 2012; Ma, 2002; Boulanger and Chouteau, 2005)。然而,积分方程法需要计算复杂的奇异积分,且仅仅适合于简单模型,因此,目前积分方程法并没有得到快速的发展。有限差分法是古老的数值计算方法,有限差分法求解地球物理问题始于 20 世纪 60 年代,成熟于 90 年代(Mufti, 1976; Dey and Morrison, 1979; Lowry et al., 1989; Zhang et al., 1994; Spitzer, 1995; Zhao and Yedlin, 1996; Li and Spitzer, 2002; Wu, 2003; Loke and Barker, 2006; Mufti, 2012)。有限差分法要求模型能够被剖分成规则的单元如四边形、六面体等,这一要求严重制约了有限差分法处理复杂地球物理模型的能力。

有限单元法在早期并没有像积分方程法与有限差分法一样,得到足够的重视与应用(Coggon, 1971; Bibby, 1978; Fox, 1980; Pridmore, 1981; Holcombe, 1984),主要因为有限元的线性矩阵比有限差分复杂,相应的线性方程求解器求解能力不足。近年来,越来越多的研究人员关注求解更为复杂的地电模型,有限单元能够有效地处理复杂模型,因此有限单元法获得了越来越多的应用(Queralt et al.,1991;Sasaki,1999;Bing and Greenhalgh,2001;Yi et al.,2001;Li and Spitzer,2002;Wu et al.,2003;Li et al.,2005;Marescot et al.,2006;Rücker et al.,2006)。

1.3 有限单元法的应用现状

Coggon(1971)首次应用有限单元法求解了直流/激发极化电阻率问题并验证其适用性,采用了简单的边界条件及规则的网格,获得了相对误差不超过20%的数值解。接着,Bibby(1978)成功地应用基于Fourier级数的有限单元法求解三维简单的轴对称模型,不久,Pridmore等(1981)应用了简单的规则六面体有限单元进行三维电阻率数值模拟,并且尝试着将简单的六面体划分为几个不规则的四面体来提高数值解的精度。后来,Holcombe(1984)运用了能够真实地表达实际电场分布的由Dey和Morrison(1979)提出的混合边界条件,并且采用不规则的六面体进行复杂边界的处理及地形改正。

进入21世纪后,有限单元法得到快速的发展。Bing和Greenhalgh(2001)讨论了不同的线性方程组求解算法的求解能力,并且指出简单四面体单元的精度要强于六面体单元。接着,Li和Spitzer(2002)对比了有限单元法与有限差分法的性能,得出了有限单元法优于有限差分法的结论,并且成功地应用有限单元法求解了三维各向异性的电阻率模型(Li and Spitzer,2002,2005)。同时,有限单元法也被用于求解一些简单的起伏地形和复杂的电阻率模型(Fox,1980;Holcombe,1984;Yi et al.,2001;Loke and Barker,2006;Marescot et al.,2006;Rücker et al.,2006)。另外,研究人员投入了大量的精力寻求有限元线性方程组的快速求解(Zhang et al.,1994;Spitzer,1995;Bing and Greenhalgh,2001;Wu,2003)。对于2.5D模型或者一般中等规模3D模型,采用直接求解器可以获得满意的效果,如基于LU分解法的Pardiso求解器(Schenk and Gärtner,2004),基于波前法的MUMPS直接求解器(Amestoy et al.,2001)。对于特大规模(如上千万,上亿未知数)模型,可以采用共轭梯度法获得满意效果,为了进一步加速迭代法的收敛速度,可以采用基于不完全LU分解或者不完全Cholesky分解的预处理矩阵(Saad,2003)。

1.4 任意复杂地电模型计算

近几年,非结构化网格加密技术得到了快速的发展。由于非结构化网格能够有效地模拟任意复杂模型(包含任意复杂地形情况),基于非结构化网格的任意复杂直流电阻率问题的有限元法获得了空前的突破。2006年德国研究学者(Günther et al.，2006)开展了基于非结构化四面体单元的直流电阻率三维模拟计算，以德国一矿山建模为例展示了四面体网格模拟带起伏地形模型的能力(如图 1.2 所示)。

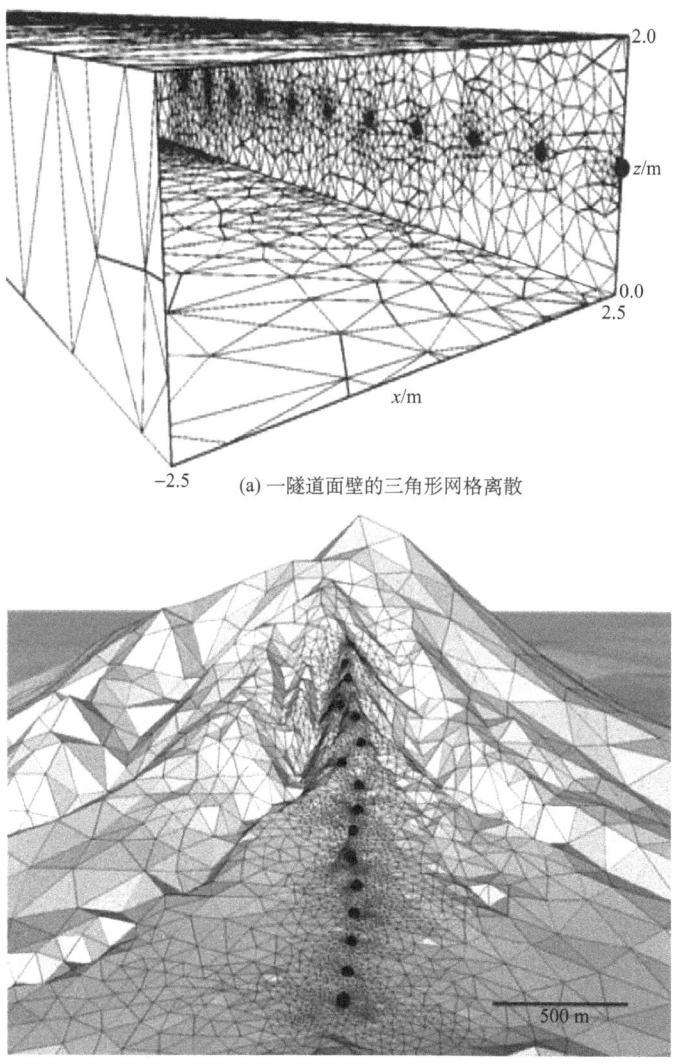

(a) 一隧道面壁的三角形网格离散

(b) 复杂地形的四面体网格离散

图 1.2　复杂直流电阻率地电模型的非结构化网格离散化(引自 Günther et al.，2006)

非结构化网格能够生成任意单元密度的正演模拟网格，在供电电极处能够采用密实网格来逼近快速变化的电位，在测量电极处也能够采用合理的网格来提高观测电位的精度，在远离观测电极和电导率异常体的区域能够采用较为稀疏的网格来近似变化缓慢的电位。网格密度不均匀的非结构网格能在提高观测电极处数值解的精度同时,大幅度减少单元数量、降低计算消耗,从而寻求最优化的精度和速度平衡点,为实现大规模复杂地区地下成像提供核心动力。

全自动设计最优化的非结构化网格能够通过估计有限元数值解的单元误差实现,单元误差估计或者单元后验误差可用来驱动自适应加密有限元算法。目前,复杂直流电阻率模型的自适应网格加密策略逐步成为了研究潮流。Ren 和 Tang(2010)基于非结构化网格实现了直流电阻率法自适应有限元模拟,加密供电电极处网格单元密度提高了数值电位的精度。对于地下电导率各向异性情况,Wang 等(2013)利用非结构化网格实现了任意复杂地电模型的高精度计算。Ren 和 Tang(2014)基于虚拟场提出了带起伏地形的直流电阻率模型面向目标的自适应有限元计算。随着后续工作的深入,如研究带地形地下任意复杂电导率各向异性模型的高精度计算,直流电阻率模型的有限元正演计算逐渐接近实用。

1.5 电阻率有限元法的基本策略

边界条件的选取。电位的边值问题共存在三类边界条件:第一类狄利克雷边界条件(Dirichlet),第二类诺依曼边界条件(Neumann),第三类混合边界条件(Mixed)。距离供电电极无限远处可假设电位为零,即满足第一类边界条件,满足这一假设需要将截断边界设在足够远处,如此会造成极大的计算区域,从而增大计算量且误差大。地表边界由于空气中无限大的电阻率导致电流不能穿过,此时电流密度的法向分量在地表为零,满足第二类边界条件。如果假设截断边界满足该条件,则相当于将地下延伸无穷远处的电导率设为零,不满足实际地质情况。第三类边界条件假设远离源电极的区域电位随距离成反比衰减,即相当于均匀半空间下电位的衰减规律,从而得到无穷远处的混合边界条件。这种边界条件对于带层状介质的模型的计算存在远离源的区域计算误差相对较大的问题,此时考虑将层状介质下电位的衰减规律作为无穷远边界上电位满足的边界条件,则可以解决这一问题,因此截断边界上适合采用第三类边界条件。

带地形复杂模型的处理。起伏地形的处理方法主要有总场求解策略与虚拟场求解策略。总场求解策略要求在地表边界上需要足够密集的网格剖分去无限逼近复杂的起伏地形表面,只要找到合适的离散网格,有限元可以实现这一效果。二次场的求解策略中将总场分为一次场和二次场,传统的二次场法需要一次场满足背景的边值问题,在背景模型复杂情况下需要额外的数值方法来求解一次场,数值成本过高,因此传统的二次场法难以处理地形。二次场求解策略的提出是为了去除源附近的奇异性,即找到能够模拟奇异值现象的一次场。我们考虑简单的一次场,其遵循奇异性的衰减规律但不需要满足背景模型上的边界条件,从而实现带地形的复杂模型的求解,与总场策略相比,其去除了源附近的奇异性从而提高了该处的数值精度,此时的二次场不再满足地表的诺依曼边界条件被称为虚拟场。从处理地形的角度来说,总场法和虚拟场法均能很好地解决这一问题。

网格剖分。对同一模型采用不同的网格单元进行离散直接影响数值模拟的精度,现在用于离散的网格单元分为结构化网格和非结构化网格。结构化网格通用的单元类型一般为结构化的六面体、矩形单元,这些单元类型在模型结构不复杂时得到的精度是可以接受的。一旦加入复杂地形或者不规则的异常体,采用上述网格单元进行离散就会使最终计算结果产生较大的离散误差。非结构化网格具有单元质量可控、允许局部加密、能够模拟复杂几何模型等优点,使得三维非结构有限单元法求解效率大幅提高。在达到相同精度的情况下,相对于结构化网格,非结构化网格的计算时间和存储量均可下降约一个数量级。非结构化网格能够生成任意单元密度的正演模拟网格,在供电电极处能够采用密实网格来逼近快速变化的电位,在远离电导率异常体的区域能够采用较为稀疏的网格来近似变化缓慢的电位。网格密度不均匀的非结构网格能在提高数值精度的同时大幅度减少单元数量,从而寻求最优化的精度和速度平衡点,为实现大规模高精度的正演提供基础。

线性方程组的求解。对于中小规模的大型线性方程组,采用直接求解器可以获得满意的效果,如基于 LU 分解法的 Pardiso 求解器、基于波前法的 MUMPS 直接求解器。对于大规模模型,可以采用迭代法求解,如共轭梯度法。为了加速迭代法的收敛速度以获得满意的求解效率,可以采用基于不完全 LU 分解或者不完全 Cholesky 分解(IC)的预处理矩阵。预处理共轭梯度法的速度明显快于传统的共轭梯度法,其中 SSOR 共轭梯度法既能节约内存,还具有快速的收敛性。ILU 共轭梯度法和 IC 共轭梯度法具有出众高效的求解速度。

标准有限元数值精度的改善。有限元数值解精度依赖于网格的单元质量、单元形状函数阶数,线性单元需要较小体积的网格单元,其相对于二次单元理论更简单、更容易实现,二次有限元在较粗网格上也能取得相对满意的结果,其具有显著的误差收敛性,相对而言可以保证高精度结果。对于更高阶次单元,可能存在数值震荡等问题,故不考虑。有限元数值解精度还依赖于网格单元密度分布,通过加密求解区域的单元密度能够改善有限元数值精度。而网格加密依赖于准确的先验信息,对于复杂的模型而言,先验信息变得很难确定。如果通过传统有限元的误差收敛理论来保证复杂模型下数值解的精度,那必须保证所有有限单元的大小无限小以及其对应的形函数阶次足够高,这一假设需要巨额的计算成本。而人为地改善局部网格,很难保证精确性而且需要高额的计算成本。所以我们需要寻求另一种思路来解决这一问题。采用迭代法的思想,首先选取合适的指标估计单元误差及全局网格的相对误差,然后通过保证每一次网格上的单元误差值及相对单元误差值越来越小并最后收敛于某一给定值,这将得到更精确的数值解,这种思想被称为自适应有限元法。自适应有限元法通过保证每一次迭代的网格越来越优化，使得其上的数值解的误差指示值收敛于某一给定值，可以得到更加精确的数值解。

上述针对有限元模拟过程中从边值问题的推导、起伏地形的处理、网格剖分的选择、大型稀疏线性方程组的求解到有限元数值精度的改善出现的一系列问题，提出了相应的有效的处理手段，根据以上策略进行直流电阻率正演计算可取得高可靠性的计算结果及高收敛的计算效率，在后面章节会进行具体的理论分析及相应的实例验证。

第 2 章 电阻率模拟的有限单元法

2.1 边值问题

2.1.1 3D 边值问题

野外实际直流电阻率探测可能需要采用多个供电电极,就本质而言,单供电电极情况具有一般性,因为多电极情况可根据电位叠加原理而获得。因此,在本节中,只讨论单电极情况,如图 2.1 所示。

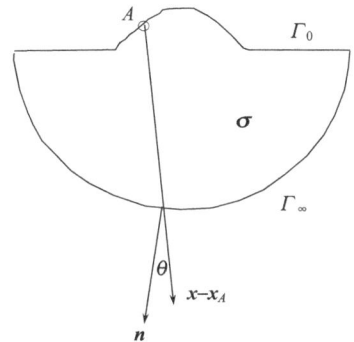

图 2.1 单电极情况下三维模型

图 2.1 为单点源情况下任意三维电阻率模型,在 A 点(坐标为 x_A)注入电流产生电位。设地下电场强度函数为 E,电位势分布函数为 U,电导率分布函数为 σ,激发的电流密度函数为 J。由欧姆定律可知,电流密度 J,电场强度 E 与张量电导率 σ 存在如下关系:

$$J = \sigma E \tag{2.1}$$

因为电场是稳态,电场强度 E 与电位势 U 存在如下关系:

$$E = -\nabla U \tag{2.2}$$

基于电流连续性方程:

$$\nabla \cdot J = \frac{\partial e}{\partial t} \tag{2.3}$$

式(2.3)中,e 为地下三维空间中的电荷密度分布函数。由式(2.1)和式(2.2),式(2.3)可写成如下形式:

$$-\nabla \cdot \sigma \nabla U = \frac{\partial e}{\partial t} \tag{2.4}$$

在包括供电电极 A 的一小块单元 ΔV 内，式(2.4)中的右端项可改写为

$$\frac{\partial e}{\partial t} = \frac{I}{\Delta V} \tag{2.5}$$

式中的 I 为供电点 A 处注入的电流，式(2.4)变为

$$-\nabla \cdot \boldsymbol{\sigma} \nabla U = \frac{I}{\Delta V} \tag{2.6}$$

当小块单元 ΔV 的体积趋于零时，可得

$$\lim_{\Delta V \to 0} \frac{I}{\Delta V} = I\delta(A) \tag{2.7}$$

因此，式(2.6)变为

$$\nabla \cdot \boldsymbol{\sigma} \nabla U = -I\delta(A) \tag{2.8}$$

其中 $\delta(A) = \delta(x - x_A)\delta(y - y_A)\delta(z - z_A)$，$\delta$ 为 Dirac 函数。

如果求解区域是无限的，则计算工作量无限，使得数值模拟不可能进行。为了减少计算消耗，通常把计算范围限定在一个有界区域 Ω 内，并在这个有界区域边界上施加合适的边界条件来唯一限定有界区域内的电位值。如图 2.1 如示，显而易见，存在两种不同的边界条件。设供电点 A 所在的地表边界(the air-Earth interface)为 Γ_0，无限远边界为 Γ_∞。在地表边界 Γ_0，由于空气电导率趋于零，地下电流不可能流入地表以上，即地下电流密度在地表边界的法向分量为零即得 Neumann 边界条件：

$$\boldsymbol{n} \cdot \boldsymbol{\sigma} \nabla U = 0 \to \boldsymbol{n} \cdot \nabla U = \frac{\partial U}{\partial \boldsymbol{n}} = 0 \tag{2.9}$$

在无限远边界 Γ_∞ 处，可以假定电流密度的法向分量为零或电位为零。这两种设定都具有局限性，为了消除这种局限性，基于电位数值与距离成反比的近似，得到如下混合边界条件(mixed boundary condition)(Dey and Morrison，1979)：

$$\frac{\partial U}{\partial \boldsymbol{n}} + \frac{\cos\theta}{r} U = 0 \tag{2.10}$$

其中，θ 为 Γ_∞ 边界上任意一点处的外法向向量与这一点和供电电极 A 所构成的向量的夹角，$r = |\boldsymbol{x} - \boldsymbol{x}_A|$ 为边界面上任意一点与供电电极 A 的距离。由式(2.8)、式(2.9)及式(2.10)，可得直流电阻率法电位 U 满足的椭圆边值问题：

$$\begin{cases} \nabla \cdot \boldsymbol{\sigma} \nabla U = -I\delta(A) & U \in \Omega \\ \dfrac{\partial U}{\partial \boldsymbol{n}} = 0 & U \in \Gamma_0 \\ \dfrac{\partial U}{\partial \boldsymbol{n}} + \dfrac{\cos\theta}{r} U = 0 & U \in \Gamma_\infty \end{cases} \tag{2.11}$$

2.1.2 2.5D 边值问题

地下地层或者岩石的形成一般可分为三个时期，远古克拉通、造山运动和相对较晚的扩展期。克拉通岩层一般展示出层状且分布最广；造山运动是上地幔热岩侵入下地壳，由于压力影响，在地表形成喷发口或者喷发带；扩展期岩石一般没有规律，各个地区呈现出不同的特点。因此，一般来说，浅地表岩石一般展示出三维(3D)结构，对于一些受扩展期影响较小的区域，或者热岩浆沿一个方向侵入克拉通岩层，地下岩石往往呈现所谓二维结构，即电性分布沿某方向不变。假设该方向与 y 轴平行，为简单起见不考虑地下电导率各向异性情况，对上述微分方程和边界条件同时进行傅里叶变换，3D 边值问题(2.11)可转化为如下 2.5D 边值问题：

$$\nabla \cdot \sigma \nabla U_k + k^2 \sigma U_k = -I\delta(x - x_A)\delta(z - z_A) \qquad U_k \in V$$

$$\frac{\partial U_k}{\partial \boldsymbol{n}} = 0 \qquad U_k \in l \qquad (2.12)$$

$$\frac{\partial U_k}{\partial \boldsymbol{n}} + U_k k \cos\theta \frac{K_1(kr)}{K_0(kr)} = 0 \qquad U_k \in l_\infty$$

其中波数域电位：

$$U_k(x,z) = \int_0^{+\infty} U(x,y,z)\cos(ky)\mathrm{d}y \qquad (2.13)$$

$K_0(kr)$、$K_1(kr)$ 分别为第二类零阶和一阶修正 Bessel 函数，V 为傅里叶变换后的剖面(如图 2.2 所示)，外边界 Γ、Γ_∞ 经傅里叶变换后分别变为外边界 l、l_∞，r 为点源到外边界任意点的距离，k 为离散波数。求得波数域电位后，由傅里叶逆变换即可得到三维电位。

$$U(x,y,z) = \frac{2}{\pi}\int_0^{+\infty} U_k(x,z)\cos(ky)\mathrm{d}k \qquad (2.14)$$

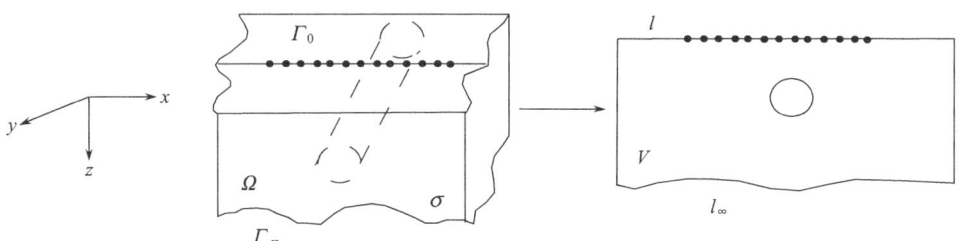

图 2.2 傅里叶变换示意图

2.2 3D 边值问题的求解策略

2.2.1 总场法求解策略

考虑式(2.11)的一般形式,并不考虑地下电导率各向异性情况:

$$\begin{aligned}&\nabla\cdot\sigma\nabla U=-f&&U\in\Omega\\&\frac{\partial U}{\partial \boldsymbol{n}}=0&&U\in\Gamma\\&\frac{\partial U}{\partial \boldsymbol{n}}+\alpha U=\beta&&U\in\Gamma_\infty\end{aligned} \quad (2.15)$$

式(2.15)为二阶椭圆型偏微分方程边值问题。有限元法非常适合于求解此类二阶椭圆型偏微分边值问题。目前主要有两种有限元求解策略,即基于变分原理的 Ritz 法和基于加权余量法的 Galerkin 法(Zienkiewicz and Taylor, 2000)。Ritz 法需构建一个等价的泛函极值问题,故要求原微分方程为自共轭方程。Galerkin 法仅需建立一个简单的残差积分方程,使用范围更广,另外对于自共轭微分方程边值问题[如式(2.15)],Ritz 法与 Galerkin 法等价,因此,我们推荐利用加权余量法来推导有限元过程。

首先将边值问题(2.15)转化为等价积分弱形式(Meis and Marcowitz, 1994; Zienkiewicz, 2000):

$$\int_\Omega T(\nabla\cdot\sigma\nabla U+f)\mathrm{d}v=0 \quad (2.16)$$

其中,T 属于 Hilbert 函数空间 $H^1(\Omega)$,结合边界条件对(2.16)分部积分可得

$$\int_\Omega \sigma\nabla T\cdot\nabla U\mathrm{d}v+\int_{\Gamma_\infty}T\sigma\alpha U\mathrm{d}s-\int_{\Gamma_\infty}T\sigma\beta\mathrm{d}s-\int_\Omega Tf\mathrm{d}v=0 \quad (2.17)$$

在 Galerkin 有限元法分析中,测试函数 T 直接取为有限元节点基函数,即

$$U=\sum_{i=1}^n U_i N_i, \quad T=N_j \quad (2.18)$$

n 为网格中节点的总个数。式(2.18)代入式(2.17)得

$$\sum_{i=1}^N [\int_\Omega \sigma\nabla N_j\cdot\nabla N_i\mathrm{d}v+\sum_{i=1}^N\int_{\Gamma_\infty}\sigma\alpha N_j N_i\mathrm{d}s]U_i=\int_{\Gamma_\infty}N_j\sigma\beta\mathrm{d}s+\int_\Omega N_j f\mathrm{d}v \quad (2.19)$$

写成矩阵形式

$$\boldsymbol{Ax}=\boldsymbol{b} \quad (2.20)$$

其中

$$A_{ij}=\int_\Omega \sigma\nabla N_j\cdot\nabla N_i\mathrm{d}v+\int_{\Gamma_\infty}\alpha\sigma N_j N_i\mathrm{d}s, \quad b_j=\int_\Omega N_j f\mathrm{d}v+\int_{\Gamma_\infty}\beta\sigma N_j\mathrm{d}s \quad (2.21)$$

显然,系数矩阵 A 为稀疏对称正定矩阵,b 为右端向量,包含了源项 f 和混合边界条件的影响。为得到式(2.21),可通过计算各个单元的积分贡献,然后把各个单元的贡献叠加而成。通过求解上述线性方程组,可得各节点上的电位值,利用后续的多级叠加原理,就可以获得我们更感兴趣的视电阻率,从而推测地下电导率的分布。

2.2.2 二次场法求解策略

在供电点 A 处,注入大小为 I 的稳态电流,即

$$f = I\delta(A) \tag{2.22}$$

稳态电流的注入,在地下产生电流。在供电点 A 处,电位趋于无穷。在包含供电点的小区域内,电位变化剧烈。这给有限元求解边值问题(2.15)带来了巨大的困难。回顾有限元的基本思想,即在小区域内,用简单的多项式来近似表达复杂的函数。因此,为了有效地处理供电点处的突变电位,有限元法必须要求在供电点处采用密网格。过度加密网格保证了供电点处数值解的精度,但增加了节点个数以及有限元方程阶数,大大提高了求解难度。为了避免供电点处网格过度加密,可采用二次场求解策略,二次场求解策略的核心为对电位 U 进行分解(Lowry et al., 1989):

$$U = U_1 + U_2 \tag{2.23}$$

式中,U_1 为稳态电流在背景模型上产生的初始一次电位,占总电位的主要部分。U_2 为地下不均匀异常体产生的电位,常被称为感应二次电位。在阐述一次电位与二次电位的物理意义前,假设地下电导率 σ 可由两部分构成:

$$\sigma = \sigma_1 + \sigma_2 \tag{2.24}$$

式中,σ_1 为背景电导率,σ_2 为嵌入背景电导率 σ_1 的异常电导率。在地表供入电流,假如不存在嵌入的异常电导率 σ_2,即 $\sigma = \sigma_1$,在地下区域会产生电位 U_1。这里 U_1 为不考虑异常体情况下,由外部源直接产生,因此被称为一次场电位。当存在异常体后,由于异常体与背景电导率存在差异,$\sigma_1 \neq \sigma_2$,在其分界面上,会积累电荷,从而产生电场,称为二次场。式(2.24)所示的分解存在多种选择。不同的分解策略依赖于背景电导率 σ_1 的不同,总的要求是电导率 σ_1 尽量简单,如均匀半空间模型、层状模型等。均匀半空间模型最为常见,因为对于均匀半空间模型,σ_1 为常数,在供电点 A 注入电流,产生的电位存在非常简单的解析表达式。对于层状模型来说,虽然电位也存在解析解,但是其解析表达式相对比较复杂,对于层状模型中嵌入一局部异常体,选用层状模型作为背景电导率模型可获得更为准确的结果(Li and Spitzer, 2002)。式(2.23)代入式(2.8)中可得

$$-\nabla \cdot \sigma \nabla U_2 = I\delta(A) + \nabla \cdot \sigma \nabla U_1 \tag{2.25}$$

其中一次电位 U_1 在整个区域满足微分方程：

$$\nabla \cdot \sigma_1 \nabla U_1 = -I\delta(A) \tag{2.26}$$

同时考虑式(2.25)和式(2.26)，可获得二次电位 U_2 满足的微分方程：

$$-\nabla \cdot \sigma \nabla U_2 = -\nabla \cdot \sigma_1 \nabla U_1 + \nabla \cdot \sigma \nabla U_1 = \nabla \cdot \sigma_2 \nabla U_1 \tag{2.27}$$

上式表明，二次电位为异常体 σ_2 产生，异常源的大小由异常体内一次场电场决定。应用散度定律(Zhu et al., 2013)，式(2.27)右端源转换为面积分，面积分的积分内核为分界面上的法向一次场电位差。根据电磁场理论(Stratton, 2007)，电场在电导率不连续界面的法向分量不连续。产生这种不连续现象的原因是在不连续界面上积累了二次电荷。因此，式(2.27)完美地阐述了二次电位的物理意义。上述过程表明一次电位由外部源在背景电导率 σ_1 产生，因此一次电位 U_1 在地表的边界条件应为

$$\frac{\partial U_1}{\partial \boldsymbol{n}} = 0 \tag{2.28}$$

在无穷远边界，一次电位 U_1 与距离成反比，同样可导出如下混合边界条件(Dey and Morrison, 1979)：

$$\frac{\partial U_1}{\partial \boldsymbol{n}} + \frac{\cos\theta}{r} U_1 = 0 \tag{2.29}$$

考虑式(2.9)和式(2.28)，可得二次电位在地表的边界条件：

$$\frac{\partial U_2}{\partial \boldsymbol{n}} = -\frac{\partial U_1}{\partial \boldsymbol{n}} = 0 \tag{2.30}$$

考虑式(2.10)和式(2.29)，可得二次电位在无穷远界面上的边界条件：

$$\frac{\partial U_2}{\partial \boldsymbol{n}} + \frac{\cos\theta}{r} U_2 = -\frac{\partial U_1}{\partial \boldsymbol{n}} - \frac{\cos\theta}{r} U_1 = 0 \tag{2.31}$$

综上所述，即得二次电位 U_2 满足的边值问题：

$$\begin{cases} -\nabla \cdot \sigma \nabla U_2 = \nabla \cdot \sigma_2 \nabla U_1 & U_2 \in \Omega \\ \dfrac{\partial U_2}{\partial \boldsymbol{n}} = 0 & U_2 \in \Gamma \\ \dfrac{\partial U_2}{\partial \boldsymbol{n}} + \dfrac{\cos\theta}{r} U_2 = 0 & U_2 \in \Gamma_\infty \end{cases} \tag{2.32}$$

记 $f = \nabla \cdot [\sigma_2 \nabla U_1]$，$\alpha = \cos\theta/r$，$\beta = 0$，式(2.32)转化为式(2.15)，可参照"2.2.1 总场法求解策略"的有限元算法来求其数值解。

2.2.3 三维地形的处理策略

地形的处理就是如何处理地表界面上的诺依曼边界条件。有限差分法由于自身的局限性，不能够有效地处理复杂地表界面。体积分方程法可处理复杂地形，但体积分方程法必须把起伏地形与水平地表构成的区域作为一个异常体。因此，起伏地形剧烈，如山峰过高，此异常体的体积就会较大。体积分方程法的工作原理是用小单元来离散此异常体，最后形成一个稠密的线性方程组。过大的异常区域会使得此稠密矩阵维数变大。一方面，过大的矩阵维数导致稠密矩阵存储困难，另一方面，求解此稠密线性系统需要消耗大量的计算时间。因此，体积分方程法很少被用来处理起伏地形模型。更为糟糕的是，地形模型下还另外存在异常体时，体积分方程法需要选择一个更大的区域来同时包含地形与地表形成的异常区域和此异常体，使得计算更为举步维艰。

当采用有限元求解总场边值问题时，起伏地形问题变得非常简单。唯一的要求是网格剖分能够无限逼近任意复杂的起伏地形界面，只要能够找到此类离散网格，有限元就能够轻易处理地形情况，如采用基于三角形或者四面体的非结构化剖分技术（网格剖分技术，请见后续章节）。

当采用二次场求解策略时，地形的处理变得复杂。在二次场满足的边值问题(2.32)中，求解二次电位U_2之前，要求已知一次电位U_1的分布。若一次电位U_1已知，则可采用基于非结构化网格的有限元算法来求解此类起伏地形条件下的二次电位U_2。因此核心问题是如何求解包含地形的一次电位U_1。一次电位U_1满足如下边值问题：

$$\begin{aligned} -\nabla \cdot \sigma_1 \nabla U_1 &= I\delta(A) & U_1 \in \Omega \\ \frac{\partial U_1}{\partial \boldsymbol{n}} &= 0 & U_1 \in \Gamma \\ \frac{\partial U_1}{\partial \boldsymbol{n}} + \frac{\cos\theta}{r}U_1 &= 0 & U_1 \in \Gamma_\infty \end{aligned} \quad (2.33)$$

目前主要有两种方法求解边值问题(2.33)，即有限元法和边界积分方程法。Rücker等(2006)采用了二次有限单元来计算一次电位U_1。当地形起伏较大时，电流沿着地表的变化就剧烈，因此要求采用密的有限元网格。边界积分方程法只在起伏地形上进行求解，因此把三维问题转化为二维问题，求解未知数大幅度减少，求解效率比体积分方法要高得多，其求解过程略述如下。

由式(2.33)易知，一次电位与电流I成正比，与均匀电导率σ_1成反比，即：

$$U_1 = \frac{I}{\sigma_1}U_0 \quad (2.34)$$

式中，U_0为背景电导率为1的一次电位分布满足如下边值问题：

$$\begin{aligned}&-\Delta U_0 = \delta(A) & U_0 \in \Omega \\ &\frac{\partial U_0}{\partial n} = 0 & U_0 \in \Gamma_0 \\ &\frac{\partial U_0}{\partial n} + \frac{\cos\theta}{r}U_0 = 0 & U_0 \in \Gamma_\infty\end{aligned} \quad (2.35)$$

在构造 U_0 的边界积分方程解之前，需要提及边界积分与体积分方程法的不同之处。在体积分方程法中，所需的格林函数需要完全满足背景模型上的边值问题。但对于起伏地形模型，格林函数不存在解析表达式。因此，边界积分方程法采用的不是满足背景模型的格林函数。给定任意测试函数 V，构造如下表达式：

$$R = V\Delta U_0 - U_0\Delta V \quad (2.36)$$

对此表达式在整个地下区域 Ω 上积分，由格林恒等式得 (Zienkiewicz et al., 1977)

$$\int_\Omega (V\Delta U_0 - U_0\Delta V)\mathrm{d}v = \int_{\Gamma_0 \cup \Gamma_\infty}\left(V\frac{\partial U_0}{\partial n} - U_0\frac{\partial V}{\partial n}\right)\mathrm{d}s \quad (2.37)$$

考虑式(2.35)，有

$$\int_{\Gamma_0 \cup \Gamma_\infty}(V\frac{\partial U_0}{\partial n} - U_0\frac{\partial V}{\partial n})\mathrm{d}s = \int_\Omega(-V\delta(A) - U_0\Delta V)\mathrm{d}v = -C_AV(x_A) - \int_\Omega U_0\Delta V\mathrm{d}v \quad (2.38)$$

x_A 表示供电点极，利用边界条件得

$$-C_AV(x_A) = -\int_{\Gamma_0}U_0\frac{\partial V}{\partial n}\mathrm{d}s + \int_{\Gamma_\infty}(V\frac{\partial U_0}{\partial n} - U_0\frac{\partial V}{\partial n})\mathrm{d}s + \int_\Omega U_0\Delta V\mathrm{d}v \quad (2.39)$$

上面推导中，假定 Γ_∞ 上各个函数的值为零，进而得到

$$-C_AV(x_A) = -\int_{\Gamma_0}U_0\frac{\partial V}{\partial n}\mathrm{d}s + \int_\Omega U_0\Delta V\mathrm{d}v \quad (2.40)$$

式(2.40)是一个非常重要的结论，但不理想之处是里面仍包含体积分项。为消除式(2.40)中的体积分项，可要求测试函数满足

$$\Delta V = -\delta(B) \quad (2.41)$$

将式(2.41)代入式(2.40)中得

$$C_BU_0(x_B) = C_AV(x_A) - \int_{\Gamma_0}U_0\frac{\partial V}{\partial n}\mathrm{d}s \quad (2.42)$$

其中常数

$$C(\pmb{x}) = \int_\Omega \delta(\pmb{x})\mathrm{d}v = \begin{cases} 0, & \pmb{x} \notin \Omega \\ 1/2, & \pmb{x} \in \varGamma_0 \\ 1, & \pmb{x} \in \Omega \end{cases} \quad (2.43)$$

当点 A 或者 B 位于地下时，系数 C 为 1；位于空气中时，系数 C 为 0；当位于光滑地表时，系数 C 为 1/2；当地表不光滑，位于地形拐角处时，$C = \dfrac{\theta}{4\pi}$，θ 为此点的立体角。移动点 A，B 到地表，并且假设地表为光滑界面，最终获得地表上的边界积分方程：

$$U_0(\pmb{x}_B) = V(\pmb{x}_A) - 2\int_\varGamma U_0 \frac{\partial V}{\partial n}\mathrm{d}s \quad (2.44)$$

其中

$$V(\pmb{x}) = \frac{1}{4\pi r |\pmb{x} - \pmb{x}_B|} \quad (2.45)$$

下面采用有限元法的思路，把地表 $\varGamma_0$ 用单元离散化（如三角形）。假设地表的离散网格由 n 个三角形构成，依次取 $\pmb{x}_B$ 位于每个单元的中心，则可得式(2.44)的 n 个方程。假设一次电位 U_0 在每个单元内为常数，那么未知的电位个数亦为 n。写成矩阵形式即

$$\pmb{A}\pmb{x} = \pmb{b} \quad (2.46)$$

其中，$\pmb{x}$ 为位于单元中点处一次电位 U_0 的数值，n 阶稠密矩阵 $\pmb{A}$ 具有如下特定结构：

$$\pmb{A} = \begin{pmatrix} A(\pmb{x}_1,\pmb{x}_1) & \cdots & A(\pmb{x}_1,\pmb{x}_n) \\ \vdots & \ddots & \vdots \\ A(\pmb{x}_n,\pmb{x}_1) & \cdots & A(\pmb{x}_n,\pmb{x}_n) \end{pmatrix} \quad (2.47)$$

式(2.47)中 $\pmb{x}_i$ 为第 $i(i=1,2,\cdots,n)$ 个单元的中心。矩阵 $\pmb{A}$ 中的元素表示两个单元之间的相互作用。要形成稠密矩阵 $\pmb{A}$，需计算 n^2 次单元之间的相互作用，且需要 n^2 的内存消耗。当单元总数较大时，计算和存储矩阵 $\pmb{A}$ 都非常困难。因此用直接法来求解稠密线性方程组(2.46)是不现实的。为快速求解线性方程组(2.46)，可采用迭代法。在每一次迭代过程中，只需计算矩阵 $\pmb{A}$ 与任意向量 $\pmb{v}$ 之间的乘积 $\pmb{A}\pmb{v}$。计算 $\pmb{A}\pmb{v}$ 统一需要计算 n^2 次单元之间的相互作用，考虑到密实矩阵 $\pmb{A}$ 中的任意元素包含下列内核：

$$A_{ij} = A\left(\frac{1}{\|\pmb{x}_i - \pmb{x}_j\|}\right) \quad (2.48)$$

点 $\pmb{x}_i$ 与点 $\pmb{x}_j$ 的相互作用，$\dfrac{1}{\|\pmb{x}_i - \pmb{x}_j\|}$ 可在 $\pmb{x}_c$ 点近似展开为

$$K(\pmb{x}_i, \pmb{x}_j) = \frac{1}{\|\pmb{x}_i - \pmb{x}_j\|} = \sum_{n=0}^{\infty}\sum_{m=-n}^{n}\overline{S_{nm}(\pmb{x}_i - \pmb{x}_c)}R_{nm}(\pmb{x}_j - \pmb{x}_c) \tag{2.49}$$

式(2.49)中要求 $\|\pmb{x}_j - \pmb{x}_c\| < \|\pmb{x}_i - \pmb{x}_c\|$。$R_{nm}(\pmb{x})$ 和 $S_{nm}(\pmb{x})$ 为球谐函数，其定义为

$$R_{nm}(\pmb{x}) = \frac{1}{(n+m)!}P_n^m(\cos\theta)e^{im\phi}r^n \tag{2.50}$$

$$S_{nm}(\pmb{x}) = (n-m)!P_n^m(\cos\theta)e^{im\phi}\frac{1}{r^{n+1}} \tag{2.51}$$

其中，$P_n^m(x)$ 为伴随 Legendre 多项式

$$P_n^m(x) = (1-x^2)^{\frac{m}{2}}\frac{d^m}{dx^m}P_n(x) \tag{2.52}$$

$P_n(x)$ 为 n 阶 Legendre 多项式。展开式(2.49)初看起来，把简单的距离反比函数进行了复杂的展开。实际上，假如能在点 $\pmb{x}_j$ 附近找到一个合适的点 $\pmb{x}_c$，那么点 $\pmb{x}_i$ 与点 $\pmb{x}_j$ 的相互作用就转化成点 $\pmb{x}_i$ 与点 $\pmb{x}_c$ 的作用、$\pmb{x}_c$ 与点 $\pmb{x}_j$ 的作用。假设 $\pmb{x}_i$ 代表的点个数为 n_i，$\pmb{x}_j$ 代表的点个数为 n_j，那么借助式(2.49)，计算 $\pmb{x}_i$ 与 $\pmb{x}_j$ 相互作用的次数就从 $n_i \times n_j$ 变为

$$O(n_i \times 1 + 1 \times n_j) = O(n_i + n_j) \tag{2.53}$$

乘积时间复杂度大幅度减少为线性复杂度。由于在边界积分方程(2.44)中，每个单元的中心既是测试点又是源点，即点 $\pmb{x}_i$ 与点 $\pmb{x}_j$ 的作用需要相互交换。在点 $\pmb{x}_i$ 附近，同样需要找到一个展开点 $\pmb{x}_c$ ($\|\pmb{x}_i - \pmb{x}_c\| < \|\pmb{x}_j - \pmb{x}_c\|$)，使得

$$K(\pmb{x}_i, \pmb{x}_j) = \frac{1}{\|\pmb{x}_i - \pmb{x}_j\|} = \sum_{n=0}^{\infty}\sum_{m=-n}^{n}\overline{S_{nm}(\pmb{x}_j - \pmb{x}_c)}R_{nm}(\pmb{x}_i - \pmb{x}_c) \tag{2.54}$$

为了快速计算 $\pmb{Av}$，首先对地表的单元进行区域划分，一般给定一个球体，用此球体来形成一系列的小区域。在每一个小区域内，利用球心作为展开中心，分别利用式(2.49)和式(2.54)展开。然后每一个小区域之间的相互作用通过球心之间连接起来（图 2.3）。式(2.49)和式(2.54)中分别要求 $\|\pmb{x}_j - \pmb{x}_c\| < \|\pmb{x}_i - \pmb{x}_c\|$ 和 $\|\pmb{x}_i - \pmb{x}_c\| < \|\pmb{x}_j - \pmb{x}_c\|$，这两个小区域的距离 $\text{dist}(\sigma, s)$ 要足够大。关于此算法的细节，请参考文献(Blome，2009；Blome et al.，2009)。

上述算法又被称为 cluster-based 快速多级算法。采用此方法，不仅把矩阵向量乘积的平方时间复杂度降为线性时间复杂度，而且还不需要存储原矩阵，特别适合于大规模的计算。

处理地形的另一类策略是采用虚拟电位法。二次场策略的主要目的是寻找一次电位，其在电极处能够正确模拟奇异值现象。为了扩大一次电位 U_1 的选择范围，我们不要求其满足式(2.33)中边界条件，只要求其满足微分方程

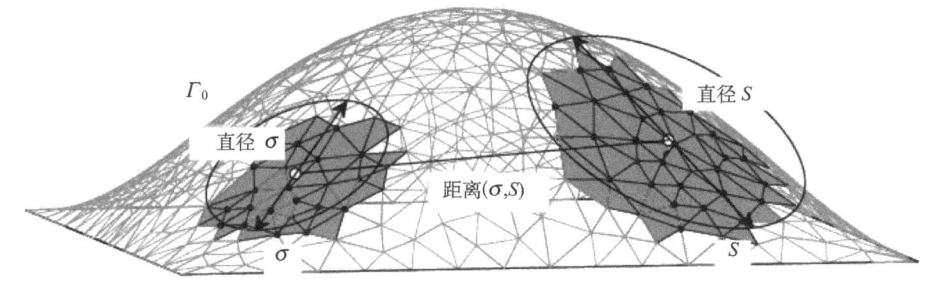

图 2.3 区域划分和小区域之间的作用示意图(引自 Blome et al.，2009)

$$-\nabla \cdot \sigma_1 \nabla U_1 = I\delta(A) \qquad U_1 \in \Omega \qquad (2.55)$$

一个最简单的解为

$$U_1 = \frac{I}{2\pi\sigma_1} \frac{1}{\|\boldsymbol{x} - \boldsymbol{x}_A\|} \qquad \boldsymbol{x} \in \Omega \qquad (2.56)$$

需要注意的是，式中 σ_1 为电极处的电导率，而不是背景电导率。将式(2.56)代入总场边值问题(2.15)，可得总场减去式(2.56)所示奇异解的剩余电位 U_2 所满足的边值问题：

$$\begin{aligned}
-\nabla \cdot \sigma \nabla U_2 &= \nabla \cdot \sigma_2 \nabla U_1 & U_2 &\in \Omega \\
\frac{\partial U_2}{\partial n} &= \frac{I}{2\pi\sigma_1} \frac{\cos\theta}{r^2} & U_2 &\in \Gamma_0 \\
\frac{\partial U_2}{\partial n} + \frac{\cos\theta}{r} U_2 &= 0 & U_2 &\in \Gamma_\infty
\end{aligned} \qquad (2.57)$$

由于奇异解 U_1 在无穷远边界上满足混合边界条件，因此剩余电位 U_2 在无穷远边界上也满足混合边界条件。不同之处在地表，剩余电位 U_2 的法向梯度不为零，即电流密度法向不为零，即存在电流流入空气中。这与物理现象不吻合，因此剩余电位 U_2 不是一个真实存在的物理量，我们称剩余电位为虚拟电位。虚拟电位 U_2 满足的边值问题(2.57)，可采用标准的有限元进行求解(Ren and Tang，2014)。

2.2.4 开域边界条件

总场、二次场的求解策略需要对无穷边界进行截断，因为计算机不能处理无限大的计算区域。

地表上的边界条件。在地表 Γ_0（图 2.1），总场电位和二次场电位必须满足齐次诺依曼边界条件，表示地表处的电流法向分量为零，这是因为空气的电导率为零。但对上节引入的虚拟电位，在地表满足式(2.57)所示的非齐次诺依曼边界条件。

截断边界 Γ_∞ 上的边界条件。由狄利克雷边界条件的设定前提，电位与距离成

反比衰减，即

$$U = c\frac{1}{r} \tag{2.58}$$

式中，c 为与距离无关的常数。在 Γ_∞ 取电位的法向分量，

$$\boldsymbol{n} \cdot \nabla U = \frac{\partial U}{\partial n} = c\boldsymbol{n} \cdot \nabla \frac{1}{r} = \boldsymbol{n} \cdot \left(\nabla \frac{1}{r}\right) rU = -\boldsymbol{n} \cdot \frac{\boldsymbol{xx}_A}{r} U \tag{2.59}$$

式中，$\boldsymbol{xx}_A$ 为从源点 x_A 指向边界点 $\boldsymbol{x} \in \Gamma_\infty$ 的单位向量。假设 $\boldsymbol{n}$ 与 $\boldsymbol{xx}_A$ 夹角为 θ，式(2.59)可写为

$$\frac{\partial U}{\partial n} + \frac{\cos\theta}{r} U = 0 \tag{2.60}$$

这一边界条件首次由 Dey 和 Morrison(1979)提出，在直流电阻率法计算中被广泛采用，称为混合边界条件(mixed boundary condition)。混合边界条件和狄利克雷边界条件相比，能缩小计算区域，并且大幅度提高数值解的精度。

式(2.60)常被称为第三类边界条件，对于多电极系统，第三类边界条件使得每一个源电极对应于一个不同的系统矩阵，从而加大了多电极求解的计算量。值得说明的是，有时候在截断边界上还采用第一类边界条件，我们假设在切断边界条件上电位为零，得到第一类边界条件，这类边界条件基于总电位衰减为零，满足这一要求，需要把截断边界条件设置在很远处，从而无形中加大了计算量。需要指出的是，第一类边界条件生成的多电极系统矩阵具有相同的结构，能够加快多电极求解效率。如果在截断边界上采用第二类边界条件(假设在切断边界条件上电位的法向分量为零)，即在截断边界外部设置了电阻率无穷大的区域(如空气区域)。这一假设在一定程度上不能有效描述地下电阻率结构的真实情况。对于第二类边界条件，还存在更为严重的数值问题。第二类边界条件不能够保证求解区域内电位分布的唯一性，从而导致了离散化的有限元线性方程矩阵具有非常高的条件数，从而加大了求解难度。因此，笔者建议：不采用第二类边界条件，尽量避免使用第一类边界条件，推荐使用第三类边界条件。

边界条件是计算的核心，合适的边界条件不仅能保证电位的唯一性而且可减小计算量和提高数值结果的精度。为方便查阅，列上述推荐边界条件于表 2.1 中。

表 2.1 电阻率法中推荐的边界条件

电位类型	地表 Γ_0	无穷远边界 Γ_∞
总电位 U	$\frac{\partial U}{\partial n} = 0$	$\frac{\partial U}{\partial n} + \frac{\cos\theta}{r} U = 0$

续表

电位类型	地表 Γ_0	无穷远边界 Γ_∞
二次电位 U_2	$\dfrac{\partial U_2}{\partial n}=0$	$\dfrac{\partial U_2}{\partial n}+\dfrac{\cos\theta}{r}U_2=0$
虚拟电位 U_2	$\dfrac{\partial U_2}{\partial n}=\dfrac{I}{2\pi\sigma_1}\dfrac{\cos\theta}{r^2}$	$\dfrac{\partial U_2}{\partial n}+\dfrac{\cos\theta}{r}U_2=0$

2.3 2.5D 边值问题的求解策略

2.3.1 总场法求解策略

本节基于 Galerkin 加权余量法，推导 2.5D 总场边值问题(2.12)的有限元方程。取测试函数 $T\in H^1(\Omega)$，$U_k=\sum_{i=1}^{n}U_i^k N_i$，$T=N_j$，$j=1,2,\cdots,n$，对式(2.12)进行积分(等价于对残差进行加权)得

$$\int_V [\nabla\cdot\sigma\nabla U_k - k^2\sigma U_k + I\delta(x-x_A)\delta(z-z_A)]T\mathrm{d}\Omega - \int_l \sigma\frac{\partial U_k}{\partial n}T\mathrm{d}\Gamma \\ -\int_{l_\infty}\sigma\left[\frac{\partial U_k}{\partial n}+U_k k\cos\theta\frac{K_1(kr)}{K_0(kr)}\right]T\mathrm{d}\Gamma = 0 \tag{2.61}$$

采用格林公式，上式可化为

$$\int_V (\sigma\nabla T\cdot\nabla U_k + k^2\sigma T U_k)\mathrm{d}\Omega + \int_{l_\infty}\sigma k T U_k\frac{K_1(kr)}{K_0(kr)}\cos\theta\mathrm{d}\Gamma = T(A)I \tag{2.62}$$

在 Galerkin 有限元法分析过程中，测试函数 T 一般就取为有限元形函数，即

$$U_k=\sum_{i=1}^{n}U_i^k N_i \tag{2.63}$$

其中，N_i 为有限元子空间的基函数，U_i^k 为波数域电位 U^k 在节点 x_i 上的值。

式(2.63)代入式(2.61)得

$$\sum_{i=1}^{n}\left[\int_V(\sigma\nabla N_j\cdot\nabla N_i + k^2\sigma N_j N_i)\mathrm{d}\Omega + \int_{l_\infty}k\sigma\frac{K_1(kr)}{K_0(kr)}\cos\theta N_j N_i\mathrm{d}\Gamma\right]U_i^k = N_j(A)I \tag{2.64}$$

其中 $j=1,2,\cdots,n$，n 为网格的节点总数。写成矩阵形式

$$\boldsymbol{Ax}=\boldsymbol{b} \tag{2.65}$$

其中

$$A_{ij} = \int_V \sigma \nabla N_i \cdot \nabla N_j \mathrm{d}\Omega + \int_V k^2 \sigma N_i N_j \mathrm{d}\Omega + \int_{\Gamma_\infty} \sigma k \frac{K_1(kr)\cos\theta}{K_0(kr)} N_i N_j \mathrm{d}\Gamma \quad (2.66)$$

$$b_j = \begin{cases} I, & \boldsymbol{x}_j = \boldsymbol{A} \\ 0, & \boldsymbol{x}_j \neq \boldsymbol{A} \end{cases} \quad (2.67)$$

A 为稀疏的对称正定矩阵，x 为各个节点上的波数域电位数值解。求解上述线性方程组，就获得了波数 k 下各个节点上的电位值。理论上，求解椭圆边值问题 (2.12)，再进行 Fourier 逆变换即可得点源二维介质电场问题中的三维电位。然而，边值问题 (2.12) 能通过有限元方法求解，即只能得到一系列离散波数 $\{k_i, i=1,2,\cdots,N\}$ 对应的 $U_k(x,z)$。因此，如何选取最优的离散波数 k_i 是非常值得研究的一个问题。

2.3.2 最佳波数及反 Fourier 变换的求解策略

按照徐世浙的思想(徐世浙，1986，1994)，最优化波数是在单点源情况下，以均匀半空间为背景计算得到。大多数情形下，我们只对通过点电源剖面(主剖面)上的电位感兴趣。此时 $y=0$，由 Fourier 逆变换式 (2.14) 知：

$$U(x,0,z) = \frac{2}{\pi} \int_0^{+\infty} U_k(x,z) \mathrm{d}k \quad (2.68)$$

将无穷限广义积分 (2.68) 写成如下数值积分：

$$U(r,0) \approx \sum_{i=1}^{N_k} g_i U_{k_i}(r) \quad (2.69)$$

其中 $r = \sqrt{x^2+z^2}$，N_k 为离散波数的个数，k_i 为离散波数，g_i 为相应的权系数。离散波数 k_i 及相应的权系数 g_i 需要适当选取，使得式 (2.69) 对我们感兴趣范围里的 r 尽可能精确成立。然而，对于一般地电模型得不到 U 和 U_{k_i} 的精确表达式，故无法直接通过式 (2.69) 确定 k_i 和 g_i。

在均匀半空间情形下，$U(x,y,z) = \frac{I}{2\pi\sigma}\frac{1}{\sqrt{x^2+y^2+z^2}}$，将其代入 (2.13) 得

$$U_k(x,z) = \int_0^{+\infty} \frac{I}{2\pi\sigma} \frac{\cos ky}{\sqrt{x^2+y^2+z^2}} \mathrm{d}y = \frac{I}{2\pi\sigma} K_0(k\sqrt{x^2+z^2}) = \frac{I}{2\pi\sigma} K_0(kr) \quad (2.70)$$

其中，$r = \sqrt{x^2+z^2}$ 为主剖面上的点至电源点的距离。式 (2.70) 代入式 (2.69) 得

$$\frac{1}{r} = \frac{2}{\pi} \int_0^{+\infty} K_0(kr) \mathrm{d}k \approx \sum_{i=1}^N g_i K_0(k_i r) \quad (2.71)$$

对近似方程 (2.71)，可选取一组合适的电极距 $r_j(j=1,2,\cdots,M)$，由非线性最小二乘法，将其转化为如下带非负约束的非线性优化问题来确定离散波数 k_i 及相

应系数 g_i (Pan and Tang, 2014):

$$\min_{k_i,g_i}\varphi = \sum_{j=1}^{M}\left[\frac{1}{r_j} - \sum_{i=1}^{N} g_i \cdot K_0(k_i r_j)\right]^2 \qquad (2.72)$$

$$\text{s.t. } k_i \geqslant 0, \ g_i \geqslant 0, \ 1 \leqslant i \leqslant N$$

式中，M，N 分别为电极距个数和波数个数。

非线性优化模型(2.72)与徐世浙文献中不同，徐世浙采用的办法是将式(2.71)改写为

$$1 \approx r\sum_{i=1}^{N} g_i K_0(k_i r) \qquad (2.73)$$

然后分两步计算：第一步先给定 k_i，由线性最小二乘法决定相应的 g_i；第二步采取非线性最小二乘法研究在什么样的 k_i 下目标函数达到最小。通过反复迭代，获得最佳的一组 k_i 及 g_i。我们采用的方法：将离散波数 k_i 及相应系数 g_i 当成同等地位待定参数，直接利用差分进化算法(differential evolution, DE)求解非线性优化问题(2.72)同时确定 k_i 和 g_i。DE 算法本质是一种基于实数编码的具有保优思想的贪婪遗传算法，具有很好的全局寻优能力，不要设定波数初值，也避开了烦琐偏导数矩阵的计算；并且非负约束条件自动满足，同时确定 k_i 及 g_i 具有更高的精度。

2.3.3 最佳波数数值验证

以对称四极测深常用极距序列 r_j =1.5、2.5、4、6、9、15、25、40、65、100、150、220 (m)共 12 个极距为例，研究波数选取的精度。为方便与已有文献比较，取离散波数个数 $N=5$，利用 DE 算法求解非线性优化问题(2.72)，求得离散波数及权系数如表 2.2 所示。为进一步提高精度，取电极距 $r_j = j(1 \leqslant j \leqslant 220)$，共 220 个极距，保持对称四极测深常用极距序列的范围不变。同样取离散波数个数 $N=5$，求得最优化离散波数及相应系数如表 2.3 所示。另外 2 种已知的最优化离散波数及相应系数分别在表 2.4 和表 2.5 中。式(2.71)是采用均匀半空间模型作为参考模型。事实上，根据实际问题的地下电性结构，可采用同样具有解析解的水平层状模型或纵向垂直分层模型作为参考模型，将解析解公式代入式(2.13)和式(2.69)得到类似的非线性优化问题，进一步提高离散波数的精度。

为了比较不同波数计算 Fourier 逆变换时的计算精度，图 2.4 给出了四组不同波数[徐波数(徐世浙，1986，1994)、汤波数(汤井田等，2010)、12 极距波数、220 极距波数]对均匀半空间模型的相对误差。对于具有解析解的水平层状模型及垂直分层 Dike 模型，可得到本节类似结论(潘克家和汤井田，2013)。相对误差定

义为 $\left|1-\dfrac{r}{\tilde{r}}\right|\times 100\%$，其中

$$\frac{1}{\tilde{r}} = \sum_{i=1}^{N} g_i K_0(k_i r) \tag{2.74}$$

表 2.2　12 极距求得的波数及其系数

	1	2	3	4	5
k_i	0.0030847	0.0300390	0.1276545	0.4298446	1.3362134
g_i	0.0065865	0.0317006	0.1056512	0.3140996	0.9897271

表 2.3　220 极距求得的波数及其系数

	1	2	3	4	5
k_i	0.0031677	0.0301330	0.1285886	0.4599185	1.5842125
g_i	0.0067253	0.0314373	0.1090454	0.3609340	1.3039204

表 2.4　徐世浙提出的离散波数及其系数（徐世浙，1994）

	1	2	3	4	5
k_i	0.0047580	0.0407011	0.1408855	0.3932250	1.0880380
g_i	0.0099472	0.0381619	0.0980327	0.2511531	0.7260814

表 2.5　汤井田提出的离散波数及其系数（汤井田等，2010）

	1	2	3	4	5
k_i	0.005641	0.056732	0.266770	1.114907	4.690830
g_i	0.012111	0.061824	0.247340	1.007828	4.449962

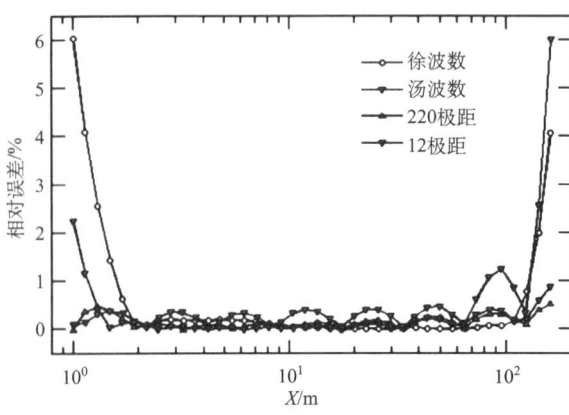

图 2.4　不同波数下的相对误差图

从图 2.4 可看出，4 组波数对应的计算值在 $2<x<60$ 范围内，相对误差均比较小，控制在 0.5%以内。近源处，徐波数的相对误差比较大，尤其在 $x=1$ 时相对误差达到 6.04%；当 $x>100$ 时，徐波数的相对误差随着 x 的增大迅速增大，至 $x=200$ 时已达 10.10%。汤波数在近源处精度比较高，但整体范围内误差波动比较厉害，平均相对误差达到 0.19%，徐波数、12 极距波数和 220 极距波数平均相对误差分别为 0.17%、0.04%和 0.03%；并且当 $x>60$ 时，误差亦随着 x 的增大猛增，至 $x=200$ 时达到 14.84%。12 极距波数的误差相对于徐波数、汤波数有明显改善，平均相对误差减小为原来的 1/5，但源点附近相对误差仍比较大，达到 2.24%；而 220 极距波数的误差，在 $1<x<200$ 范围内均非常小，最大相对误差仅为 0.5%。

总之，DE 最优化方法得到的离散波数精度非常高，适用范围较已有波数更大，并且增大电极距个数及其范围有望获得更加精确、稳定的离散波数，且计算灵活、快速，适用于不同的参考模型。

由于 2.5D 问题的复杂性，为了避免引入二次场带来的额外复杂性，2.5D 问题求解一般采用总场公式,因此可以采用简单的三角形网格来处理 2.5D 问题的地形问题。

2.4 单元离散化技术

2.4.1 结构化网格生成技术

结构网格是正交的、排列有序的规则网格，网格节点可以被标识，并且每个相邻的点都可以被计算。结构网格生成的速度快、生成的质量好并且算法涉及的数据结构简单。突出的缺点是适用的范围比较窄，只适用于形状规则的图形。自动生成结构网格的方法主要分为代数插值法、偏微分方程法、块结构化网格和乘积法等。代数插值法是一个简单但是有效的实现结构化网格的方法，通过一个映射可将比较复杂的真实物理域转换成简单的域(例如四边形、六面体等)。在转换空间再采用简单的坐标计算生成转换空间中的规则网格，最后通过反映射，再由真实物理空间产生需要的结构化网格(图 2.5)。

目前，存在大量高性能结构化网格生成程序，典型的软件为 CUBIT 和 Geompack++。 CUBIT 是一个功能齐全的软件工具包，可以产生稳健的二维和三维有限元网格，而且可以减少产生网格的时间，尤其是结构复杂的大规模六面体网格化，包含了很多使得网格化过程可以得到控制或者自动化的算法。Geompack++是一个综合性的面向对象的 C++软件包，可以为有限元分析产生各种网格，如三角形网格、四边形网格、表面网格、四面体网格、六面体网格。

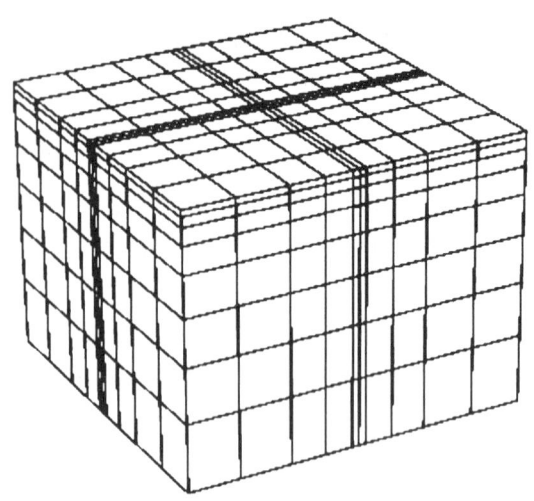

图 2.5 典型地电模型结构化离散网格(Günther et al., 2006)

2.4.2 非结构化网格生成技术

目前，有许多种方法来生成非结构化网格，如 Decomposition and Mapping(DMP)，Grid Based Methods(GBM)，Advancing Front(AF)和 Delaunay Refinement Triangulation(Filipiak，1996)。虽然各种方法都会生成完全非结构化的四面体网格，但就精度、质量与可靠性来说，Delaunay Refinement Triangulation (DRT)算法是最为出众的。DRT 算法中，在维持一个 Delaunay 网格(即每一个四面体的外接圆除包含四个端点之处，无其他节点)的同时，按照所要满足的单元大小及单元形状质量的要求，加入一些加密节点达到所需要求。在最后生成的四面体网格中，不仅能够很好地模拟模型边界上的曲线或曲面，而且能够保证生成的节点与单元具有非常好的梯度性。这样不仅能够提高数值解精度，而且又能够减少计算工作量。

目前，存在大量非结构化网格生成程序，如二维 Traingle 三角网格生成程序，三维四面体生成程序 Tetgen。Triangle 可以生成精确的 Delaunay 三角形网格，生成的网格特别适合于有限元分析。对于有 100 万离散度的输入模型，Triangle 能够在 1 分钟之内完成三角剖分。Triangle 由加州大学伯克利分校计算机系 Jonathan Richard Shewchuk 博士开发(Shewchuk，2002)，并且可以公开免费下载。TetGen 能生成精确约束 Delaunay 四面体网格，适用于多种数值模拟方法，如有限元法和有限体积法。TetGen 由德国维尔斯特拉斯研究所应用分析和推断统计学斯杭博士开发(Si，2015)，并且可以公开免费下载。

目前 Triangle 和 Tetgen 在复杂地电模型的高精度计算中使用非常广泛，比如：

利用 Tetgen 模拟复杂直流电问题(Rücker et al.，2006；Wang et al.，2013)和三维电磁感应问题(Ren et al.，2013；Ansari and Farquharson，2014；Jahandari and Farquharson，2014；Yin et al.，2016)，利用 Triangle 来处理复杂二维大地电磁、可控源电磁问题(Key and Weiss，2006；Franke et al.，2007；Li and Pek，2008；Du et al.，2016)。如图 2.6 所示，左边为国际通用 2D 大地电磁模型的三角形剖分网格，右边为一山脊地区四面体网格。

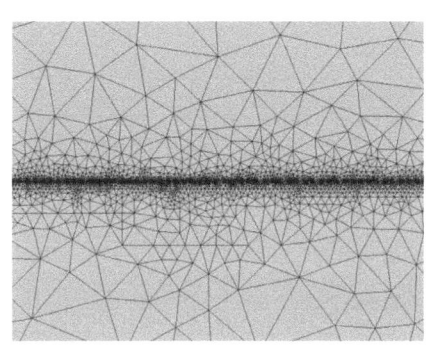
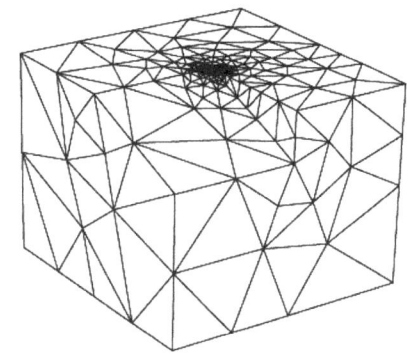

图 2.6 2D/3D 模型三角形/四面体离散化(Wu，2003；Günther et al.，2006；Du et al.，2016)

2.5 有限元单元分析

组装有限元线性方程组，需要计算下列形式的积分：

$$I = \int_\Omega f(r) \mathrm{d}\Omega \tag{2.75}$$

式中，Ω 代表有限元单元，可为三角形、四边形、四面体、六面体等，点 r 为单元 Ω 中的任意一点。被积函数 $f(r)$ 通常为形函数和形函数梯度的复合函数，即

$$I = \int_\Omega f(r) \mathrm{d}\Omega = \int_\Omega f(N, \nabla N) \mathrm{d}\Omega \tag{2.76}$$

为方便计算，一般采用积分变换将上述积分转换到标准单元上进行。

2.5.1 三角形单元

考虑积分区域 Ω 为三角形情况。给定三角形，如图 2.7 所示，三个端点按顺时针顺序，记为 1,2,3，其坐标为 $(x_1, y_1), (x_2, y_2), (x_3, y_3)$。三点组成三角形单元 Δ_{123}，其面积用 Δ 表示。三角形中的点 p 与三点 1,2,3 的连线，将 Δ_{123} 分割成三个小三角形 $\Delta_{p23}, \Delta_{p13}, \Delta_{p12}$，其面积分别为 $\Delta_1, \Delta_2, \Delta_3$。点 p 在三角形单元中的位置，可用

面积坐标表示
$$L_1(x,y) = \frac{\Delta_1}{\Delta}, \ L_2(x,y) = \frac{\Delta_2}{\Delta}, \ L_3(x,y) = \frac{\Delta_3}{\Delta} \tag{2.77}$$

L_1, L_2, L_3 是面积的比值，是无量纲数，是三角形单元上的局部坐标。由面积坐标的定义知

(1) $L_i(x_j, y_j) = \delta_{ij} = \begin{cases} 1, & \text{if } i = j \\ 0, & \text{if } i \neq j \end{cases}$;

(2) $L_1 + L_2 + L_3 = 1$;

(3) L_1, L_2, L_3 均为 x, y 的线性函数。

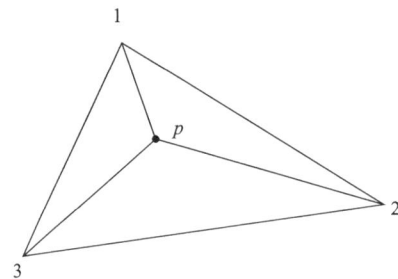

图 2.7　任意三角形单元

利用面积坐标，可定义三个顶点的形函数如下
$$\begin{aligned} N_1 &= L_1 \\ N_2 &= L_2 \\ N_3 &= L_3 = 1 - L_1 - L_2 \end{aligned} \tag{2.78}$$

则三角形中的任意一点 $p = (x, y)$ 的坐标可以表示为
$$\begin{aligned} x &= N_1 x_1 + N_2 x_2 + N_3 x_3 \\ y &= N_1 y_1 + N_2 y_2 + N_3 y_3 \end{aligned} \tag{2.79}$$

形函数对局部坐标的偏导数为
$$\begin{aligned} \frac{\partial N_i}{\partial L_1} &= \frac{\partial N_i}{\partial x}\frac{\partial x}{\partial L_1} + \frac{\partial N_i}{\partial y}\frac{\partial y}{\partial L_1} \\ \frac{\partial N_i}{\partial L_2} &= \frac{\partial N_i}{\partial x}\frac{\partial x}{\partial L_2} + \frac{\partial N_i}{\partial y}\frac{\partial y}{\partial L_2} \end{aligned} \tag{2.80}$$

式(2.79)代入式(2.80)得

$$\begin{bmatrix} \dfrac{\partial N_i}{\partial L_1} \\ \dfrac{\partial N_i}{\partial L_2} \end{bmatrix} = \begin{bmatrix} \sum_{j=1}^{3}\dfrac{\partial N_j}{\partial L_1}x_j & \sum_{j=1}^{3}\dfrac{\partial N_j}{\partial L_1}y_j \\ \sum_{j=1}^{3}\dfrac{\partial N_j}{\partial L_2}x_j & \sum_{j=1}^{3}\dfrac{\partial N_j}{\partial L_2}y_j \end{bmatrix} \cdot \begin{bmatrix} \dfrac{\partial N_i}{\partial x} \\ \dfrac{\partial N_i}{\partial y} \end{bmatrix} = \boldsymbol{J}\begin{bmatrix} \dfrac{\partial N_i}{\partial x} \\ \dfrac{\partial N_i}{\partial y} \end{bmatrix} \quad (2.81)$$

其中 $\boldsymbol{J} = \dfrac{\partial(x,y)}{\partial(L_1,L_2)}$ 为 Jacobin 矩阵，由形函数与面积坐标的关系可得

$$\boldsymbol{J} = \begin{bmatrix} \dfrac{\partial N_1}{\partial L_1} & \dfrac{\partial N_2}{\partial L_1} & \dfrac{\partial N_3}{\partial L_1} \\ \dfrac{\partial N_1}{\partial L_2} & \dfrac{\partial N_2}{\partial L_2} & \dfrac{\partial N_3}{\partial L_2} \end{bmatrix} \cdot \begin{bmatrix} x_1 & y_1 \\ x_2 & y_2 \\ x_3 & y_3 \end{bmatrix} = \begin{bmatrix} 1 & 0 & -1 \\ 0 & 1 & -1 \end{bmatrix} \cdot \begin{bmatrix} x_1 & y_1 \\ x_2 & y_2 \\ x_3 & y_3 \end{bmatrix} = \begin{bmatrix} x_1 - x_3 & y_1 - y_3 \\ x_2 - x_3 & y_2 - y_3 \end{bmatrix}$$

(2.82)

由式(2.81)及式(2.82)，∇N_i 可表示为

$$\nabla N_i = \begin{bmatrix} \dfrac{\partial N_i}{\partial x} \\ \dfrac{\partial N_i}{\partial y} \end{bmatrix} = \boldsymbol{J}^{-1}\begin{bmatrix} \dfrac{\partial N_i}{\partial L_1} \\ \dfrac{\partial N_i}{\partial L_2} \end{bmatrix} \quad (2.83)$$

其中 $\boldsymbol{J}^{-1}$ 表示 Jacobin 矩阵的逆。考虑到 ∇N_i 和 N_i 都可表示为面积坐标的函数，积分(2.76)可表示为以下一般形式：

$$\int_\Delta f(N,\nabla N)\mathrm{d}s = \int_\Delta L_1^a L_2^b L_3^c \mathrm{d}s \quad (2.84)$$

面积微元 $\mathrm{d}s$ 可表示为

$$\mathrm{d}s = \begin{vmatrix} \dfrac{\partial x}{\partial L_1} & \dfrac{\partial y}{\partial L_1} \\ \dfrac{\partial x}{\partial L_2} & \dfrac{\partial y}{\partial L_2} \end{vmatrix}\mathrm{d}L_1\mathrm{d}L_2 = |\boldsymbol{J}|\mathrm{d}L_1\mathrm{d}L_2 = 2\Delta\mathrm{d}L_1\mathrm{d}L_2$$

其中 $|\Delta|$ 为三角形面积，式(2.84)可表示为(Zhu et al.，2013)

$$\begin{aligned} I &= \int_\Delta L_1^a L_2^b L_3^c \mathrm{d}\Delta = 2\Delta\int_0^1\int_0^{1-L_1} L_1^a L_2^b L_3^c \mathrm{d}L_1\mathrm{d}L_2 \\ &= 2\Delta\int_0^1\int_0^{1-L_1} L_1^a L_2^b (1-L_1-L_2)^c \mathrm{d}L_1\mathrm{d}L_2 \\ &= 2\Delta\dfrac{a!b!c!}{(a+b+c+2)!} \end{aligned} \quad (2.85)$$

2.5.2 四边形单元

考虑积分区域 Ω 为四边形情况。取参考平面 $\xi-\eta$ 上边长为 2 的正方形单元，顶点 1 的坐标为 $(-1,1)$，顶点 2 的坐标为 $(1,1)$，顶点 3 的坐标为 $(1,-1)$，顶点 4 的坐标为 $(-1,-1)$，如图 2.8 右边所示。物理平面 xy 上任意四边形单元的四个顶点坐标分别为 $(x_1, y_1), (x_2, y_2), (x_3, y_3), (x_4, y_4)$。在四个顶点定义形函数：

$$N_1 = \frac{1}{4}(1-\xi)(1+\eta), \quad N_2 = \frac{1}{4}(1+\xi)(1+\eta)$$
$$N_3 = \frac{1}{4}(1+\xi)(1-\eta), \quad N_4 = \frac{1}{4}(1-\xi)(1-\eta) \tag{2.86}$$

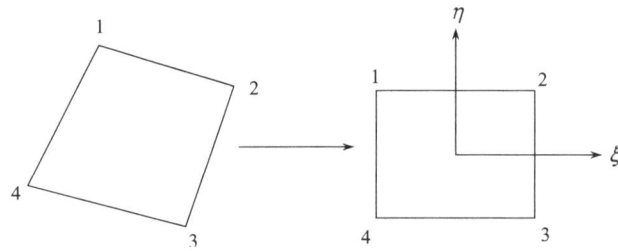

图 2.8 四边形单元到标准单元的映射

借助顶点形函数，四边形中的任意一点 $\boldsymbol{r}=(x,y)$ 可表示为

$$\begin{aligned} x &= N_1 x_1 + N_2 x_2 + N_3 x_3 + N_4 x_4 \\ y &= N_1 y_1 + N_2 y_2 + N_3 y_3 + N_4 y_4 \end{aligned} \tag{2.87}$$

形函数对局部坐标的梯度可表示为

$$\nabla N_i = \begin{bmatrix} \dfrac{\partial N_i}{\partial \xi} \\ \dfrac{\partial N_i}{\partial \eta} \end{bmatrix} = \begin{bmatrix} \dfrac{\partial x}{\partial \xi} & \dfrac{\partial y}{\partial \xi} \\ \dfrac{\partial x}{\partial \eta} & \dfrac{\partial y}{\partial \eta} \end{bmatrix} \cdot \begin{bmatrix} \dfrac{\partial N_i}{\partial x} \\ \dfrac{\partial N_i}{\partial y} \end{bmatrix} = \boldsymbol{J} \begin{bmatrix} \dfrac{\partial N_i}{\partial x} \\ \dfrac{\partial N_i}{\partial y} \end{bmatrix} \tag{2.88}$$

式 (2.87) 代入式 (2.88) 得

$$\nabla N_i = \begin{bmatrix} \sum_{j=1}^{4} \dfrac{\partial N_j}{\partial \xi} x_j & \sum_{j=1}^{4} \dfrac{\partial N_j}{\partial \xi} y_j \\ \sum_{j=1}^{4} \dfrac{\partial N_j}{\partial \eta} x_j & \sum_{j=1}^{4} \dfrac{\partial N_j}{\partial \eta} y_j \end{bmatrix} \cdot \begin{bmatrix} \dfrac{\partial N_i}{\partial x} \\ \dfrac{\partial N_i}{\partial y} \end{bmatrix} = \boldsymbol{J} \begin{bmatrix} \dfrac{\partial N_i}{\partial x} \\ \dfrac{\partial N_i}{\partial y} \end{bmatrix} \tag{2.89}$$

其中 $\boldsymbol{J} = \dfrac{\partial(x,y)}{\partial(\xi,\eta)}$ 为 Jacobin 矩阵，可写为

$$J = \begin{bmatrix} \dfrac{\partial N_1}{\partial \xi} & \dfrac{\partial N_2}{\partial \xi} & \dfrac{\partial N_3}{\partial \xi} & \dfrac{\partial N_4}{\partial \xi} \\ \dfrac{\partial N_1}{\partial \eta} & \dfrac{\partial N_2}{\partial \eta} & \dfrac{\partial N_3}{\partial \eta} & \dfrac{\partial N_4}{\partial \eta} \end{bmatrix} \cdot \begin{bmatrix} x_1 & y_1 \\ x_2 & y_2 \\ x_3 & y_3 \\ x_4 & y_4 \end{bmatrix} \quad (2.90)$$

由形函数的定义(2.86)知

$$J = \begin{bmatrix} -\dfrac{1}{4}(1+\eta) & \dfrac{1}{4}(1+\eta) & \dfrac{1}{4}(1-\eta) & -\dfrac{1}{4}(1-\eta) \\ \dfrac{1}{4}(1-\xi) & \dfrac{1}{4}(1+\xi) & -\dfrac{1}{4}(1+\xi) & -\dfrac{1}{4}(1-\xi) \end{bmatrix} \cdot \begin{bmatrix} x_1 & y_1 \\ x_2 & y_2 \\ x_3 & y_3 \\ x_4 & y_4 \end{bmatrix} \quad (2.91)$$

由式(2.89)知，∇N_i 可表示为

$$\nabla N_i = \begin{bmatrix} \dfrac{\partial N_i}{\partial x} \\ \dfrac{\partial N_i}{\partial y} \end{bmatrix} = J^{-1} \begin{bmatrix} \dfrac{\partial N_i}{\partial \varepsilon} \\ \dfrac{\partial N_i}{\partial \eta} \end{bmatrix} \quad (2.92)$$

其中 J^{-1} 表示 Jacobin 矩阵的逆。

下面考虑面积元 ds 的计算。根据雅克比变换知

$$\mathrm{d}s = \mathrm{d}x\mathrm{d}y = \begin{vmatrix} \dfrac{\partial x}{\partial \xi} & \dfrac{\partial y}{\partial \xi} \\ \dfrac{\partial x}{\partial \eta} & \dfrac{\partial y}{\partial \eta} \end{vmatrix} \mathrm{d}\xi\mathrm{d}\eta = |J|\mathrm{d}\xi\mathrm{d}\eta \quad (2.93)$$

其中 $|J|$ 是雅克比矩阵的行列式。

考虑单元积分

$$\begin{aligned} I &= \int_{\square} f(N, \nabla N)\mathrm{d}S = \int_{\square} f(N(\xi,\eta), \nabla N(\xi,\eta))\mathrm{d}S \\ &= \int_{-1}^{1}\int_{-1}^{1} f(\xi,\eta)|J|\mathrm{d}\xi\mathrm{d}\eta \end{aligned} \quad (2.94)$$

基于 Gauss-Legendre 求积公式(Jin，2014)，有

$$\begin{aligned} I &= \int_{-1}^{1}\left[\int_{-1}^{1} f(\xi,\eta)|J(\xi,\eta)|\mathrm{d}\xi\right]\mathrm{d}\eta = \int_{-1}^{1}\sum_{i=1}^{n}g(\xi_i,\eta)A_i\mathrm{d}\eta \\ &= \sum_{j=1}^{n}A_j\left[\sum_{i=1}^{n}g(\xi_i,\eta_j)A_i\right] = \sum_{j=1}^{n}\sum_{i=1}^{n}A_jA_ig(\xi_i,\eta_j) \end{aligned} \quad (2.95)$$

其中，被积函数 $g(\xi,\eta) = f(\xi,\eta)|J(\xi,\eta)|$，$A_i$ 为高斯系数，ξ_i 为高斯点，详见表 2.6。另外，需要注意的是，采用 n 点的高斯求积公式，具有 $2n-1$ 阶代数精度，

即可精确求积任意次数不超过 $2n-1$ 次的多项式。因此上式积分一般采用较少的求积节点即可获得高精度的结果。对于线性单元，采用 2 点高斯数值积分即可精确计算有限元线性矩阵中的元素。

表 2.6 高斯积分 $\int_{-1}^{1} f(x)\mathrm{d}x \approx \sum_{i=1}^{n} A_i f(x_i)$ 中的高斯点 x_i 和高斯系数 A_i (Zhu et al., 2013)

n	x_i	A_i
1	0	2
2	$\pm\sqrt{1/3}$	1
3	0	8/9
	$\pm\sqrt{3/5}$	5/9
4	$\pm\sqrt{\dfrac{3}{7}-\dfrac{2}{7}\sqrt{\dfrac{6}{5}}}$	$\pm\dfrac{18+\sqrt{30}}{36}$
	$\pm\sqrt{\dfrac{3}{7}+\dfrac{2}{7}\sqrt{\dfrac{6}{5}}}$	$\pm\dfrac{18-\sqrt{30}}{36}$
5	0	128/225
	$\pm\dfrac{1}{3}\sqrt{5-2\sqrt{\dfrac{10}{7}}}$	$\dfrac{322+13\sqrt{70}}{900}$
	$\pm\dfrac{1}{3}\sqrt{5+2\sqrt{\dfrac{10}{7}}}$	$\dfrac{322-13\sqrt{70}}{900}$

2.5.3 四面体单元

考虑积分区域 Ω 为四面体单元的情况。给定四面体，如图 2.9 所示，四面体的端点记为 1,2,3,4，其坐标为 $(x_1,y_1),(x_2,y_2),(x_3,y_3),(x_4,y_4)$。四点组成四面体单元 Δ_{1234}，其体积用 Δ 表示。四面体中的点 $p(x,y,z)$ 与四点 1,2,3,4 的连线，将四面体单元 Δ_{1234} 分割成四个小四面体 $\Delta_{p234},\Delta_{p134},\Delta_{p124},\Delta_{p123}$，其体积分别为 $\Delta_1,\Delta_2,\Delta_3$。点 p 在四面体中的位置，可用式(2.96)表示：

$$L_1=\frac{\Delta_1}{\Delta},L_2=\frac{\Delta_2}{\Delta},L_3=\frac{\Delta_3}{\Delta},L_4=\frac{\Delta_4}{\Delta} \tag{2.96}$$

L_1,L_2,L_3,L_4 是体积的比值，是无量纲数，称为三维自然坐标，或者体积坐标，它们是四面体单元上的局部坐标。由体积坐标的定义，可得：

(1) $L_i(x_j,y_j,z_j)=\delta_{ij}=\begin{cases}1, & \text{if } i=j \\ 0, & \text{if } i\neq j\end{cases}$;

(2) $L_1+L_2+L_3+L_4=1$;

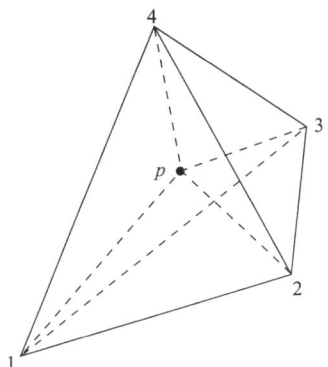

图 2.9 任意四面体单元

(3) L_1, L_2, L_3, L_4 均为 x, y, z 的线性函数。

利用体积坐标,定义四个端点的形状函数如下:

$$N_1 = L_1, N_2 = L_2, N_3 = L_3 \\ N_4 = L_4 = 1 - L_1 - L_2 - L_3 \tag{2.97}$$

并且四面体中的任意一点 $\boldsymbol{r} = (x, y, z)$ 的坐标可以表示为

$$\begin{aligned} x &= N_1 x_1 + N_2 x_2 + N_3 x_3 + N_4 x_4 \\ y &= N_1 y_1 + N_2 y_2 + N_3 y_3 + N_4 y_4 \\ z &= N_1 z_1 + N_2 z_2 + N_3 z_3 + N_4 z_4 \end{aligned} \tag{2.98}$$

形函数的梯度可表示为

$$\begin{aligned}
\nabla N_i &= \begin{bmatrix} \dfrac{\partial N_i}{\partial x} \\ \dfrac{\partial N_i}{\partial y} \\ \dfrac{\partial N_i}{\partial z} \end{bmatrix} = \begin{bmatrix} \dfrac{\partial N_i}{\partial L_1}\dfrac{\partial L_1}{\partial x} + \dfrac{\partial N_i}{\partial L_2}\dfrac{\partial L_2}{\partial x} + \dfrac{\partial N_i}{\partial L_3}\dfrac{\partial L_3}{\partial x} \\ \dfrac{\partial N_i}{\partial L_1}\dfrac{\partial L_1}{\partial y} + \dfrac{\partial N_i}{\partial L_2}\dfrac{\partial L_2}{\partial y} + \dfrac{\partial N_i}{\partial L_3}\dfrac{\partial L_3}{\partial y} \\ \dfrac{\partial N_i}{\partial L_1}\dfrac{\partial L_1}{\partial z} + \dfrac{\partial N_i}{\partial L_2}\dfrac{\partial L_2}{\partial z} + \dfrac{\partial N_i}{\partial L_3}\dfrac{\partial L_3}{\partial z} \end{bmatrix} = \begin{bmatrix} \dfrac{\partial L_1}{\partial x} & \dfrac{\partial L_2}{\partial x} & \dfrac{\partial L_3}{\partial x} \\ \dfrac{\partial L_1}{\partial y} & \dfrac{\partial L_2}{\partial y} & \dfrac{\partial L_3}{\partial y} \\ \dfrac{\partial L_1}{\partial z} & \dfrac{\partial L_2}{\partial z} & \dfrac{\partial L_3}{\partial z} \end{bmatrix} \cdot \begin{bmatrix} \dfrac{\partial N_i}{\partial L_1} \\ \dfrac{\partial N_i}{\partial L_2} \\ \dfrac{\partial N_i}{\partial L_3} \end{bmatrix} \\
&= \boldsymbol{J}^{-1} \cdot \begin{bmatrix} \dfrac{\partial N_i}{\partial L_1} \\ \dfrac{\partial N_i}{\partial L_2} \\ \dfrac{\partial N_i}{\partial L_3} \end{bmatrix}
\end{aligned} \tag{2.99}$$

其中 $\boldsymbol{J}$ 为 Jacobin 矩阵,

$$J = \begin{bmatrix} \dfrac{\partial x}{\partial L_1} & \dfrac{\partial y}{\partial L_1} & \dfrac{\partial z}{\partial L_1} \\ \dfrac{\partial x}{\partial L_2} & \dfrac{\partial y}{\partial L_2} & \dfrac{\partial z}{\partial L_2} \\ \dfrac{\partial x}{\partial L_3} & \dfrac{\partial y}{\partial L_3} & \dfrac{\partial z}{\partial L_3} \end{bmatrix} \tag{2.100}$$

将式(2.98)代入式(2.100)可得 Jacobin 矩阵的显式表达式为

$$J = \begin{bmatrix} \sum \dfrac{\partial N_i}{\partial L_1}x_i & \sum \dfrac{\partial N_i}{\partial L_1}y_i & \sum \dfrac{\partial N_i}{\partial L_1}z_i \\ \sum \dfrac{\partial N_i}{\partial L_2}x_i & \sum \dfrac{\partial N_i}{\partial L_2}y_i & \sum \dfrac{\partial N_i}{\partial L_2}z_i \\ \sum \dfrac{\partial N_i}{\partial L_3}x_i & \sum \dfrac{\partial N_i}{\partial L_3}y_i & \sum \dfrac{\partial N_i}{\partial L_2}z_i \end{bmatrix} = \begin{bmatrix} \dfrac{\partial N_1}{\partial L_1} & \dfrac{\partial N_2}{\partial L_1} & \dfrac{\partial N_3}{\partial L_1} & \dfrac{\partial N_4}{\partial L_1} \\ \dfrac{\partial N_1}{\partial L_2} & \dfrac{\partial N_2}{\partial L_2} & \dfrac{\partial N_3}{\partial L_2} & \dfrac{\partial N_4}{\partial L_2} \\ \dfrac{\partial N_1}{\partial L_3} & \dfrac{\partial N_2}{\partial L_3} & \dfrac{\partial N_3}{\partial L_3} & \dfrac{\partial N_4}{\partial L_3} \end{bmatrix} \cdot \begin{bmatrix} x_1 & y_1 & z_1 \\ x_2 & y_2 & z_2 \\ x_3 & y_3 & z_3 \\ x_4 & y_4 & z_4 \end{bmatrix}$$

$$\tag{2.101}$$

考虑到 ∇N_i 和 N_i 都可表示为体积坐标 L_1, L_2, L_3, L_4 的函数,式(2.76)所示的积分可以表示为下列的一般形式:

$$I = \int_{\Delta_{1234}} f(N, \nabla N) \mathrm{d}\Omega = \int_{\Delta_{1234}} L_1^a L_2^b L_3^c L_4^d \mathrm{d}x \mathrm{d}y \mathrm{d}z \tag{2.102}$$

体积微元 $\mathrm{d}v = \mathrm{d}x\mathrm{d}y\mathrm{d}z$ 可表示为

$$\mathrm{d}v = \begin{vmatrix} \dfrac{\partial x}{\partial L_1} & \dfrac{\partial y}{\partial L_1} & \dfrac{\partial z}{\partial L_1} \\ \dfrac{\partial x}{\partial L_2} & \dfrac{\partial y}{\partial L_2} & \dfrac{\partial z}{\partial L_2} \\ \dfrac{\partial x}{\partial L_3} & \dfrac{\partial y}{\partial L_3} & \dfrac{\partial z}{\partial L_3} \end{vmatrix} \mathrm{d}L_1\mathrm{d}L_2\mathrm{d}L_3 = |J|\mathrm{d}L_1\mathrm{d}L_2\mathrm{d}L_3 = 6|\Delta|\mathrm{d}L_1\mathrm{d}L_2\mathrm{d}L_3 \tag{2.103}$$

式中,$|\Delta|$ 为四面体的体积。式(2.102)直接计算可得(Zhu et al., 2013)

$$I = \int_{\Delta_{1234}} L_1^a L_2^b L_3^c L_4^d \mathrm{d}x\mathrm{d}y\mathrm{d}z = 6|\Delta|\dfrac{a!b!c!d!}{(a+b+c+3)!} \tag{2.104}$$

2.5.4 六面体单元

考虑积分区域 Ω 为六面体情况。取参考空间 $\xi\eta\zeta$ 上边长为 2 的正方体单元,顶点 1 的坐标为 $(-1,1,-1)$,顶点 2 的坐标为 $(-1,-1,-1)$,顶点 3 的坐标为 $(1,-1,-1)$,顶点 4 的坐标为 $(1,1,-1)$,顶点 5 的坐标为 $(-1,1,1)$,顶点 6 的坐标为 $(-1,-1,1)$,

顶点 7 的坐标为 $(1,-1,1)$，顶点 8 的坐标为 $(1,1,1)$，如图 2.10(b) 所示。物理空间上任意六面体单元的八个顶点坐标分别为 $(x_i, y_i, z_i), i=1,2,\cdots,8$。在顶点定义的形状函数为

$$N_i = \frac{1}{8}(1+\xi_i\xi)(1+\eta_i\eta)(1+\zeta_i\zeta) \tag{2.105}$$

式中，$(\varepsilon_i, \eta_i, \zeta_i)$ 是顶点 i 的坐标。

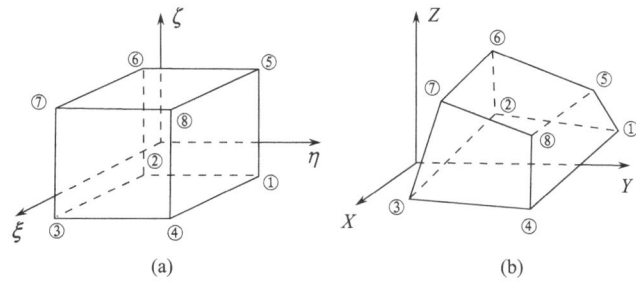

图 2.10 六面体单元到标准单元的映射

六面体中的任意一点 $r=(x,y,z)$ 的坐标可以表示为

$$\begin{aligned} x &= \sum_{i=1}^{8} N_i(\xi,\eta,\zeta)x_i \\ y &= \sum_{i=1}^{8} N_i(\xi,\eta,\zeta)y_i \\ z &= \sum_{i=1}^{8} N_i(\xi,\eta,\zeta)z_i \end{aligned} \tag{2.106}$$

形函数对局部坐标的偏导数可表示为

$$\begin{bmatrix} \dfrac{\partial N_i}{\partial \xi} \\ \dfrac{\partial N_i}{\partial \eta} \\ \dfrac{\partial N_i}{\partial \zeta} \end{bmatrix} = \begin{bmatrix} \dfrac{\partial N_i}{\partial x}\dfrac{\partial x}{\partial \xi}+\dfrac{\partial N_i}{\partial y}\dfrac{\partial y}{\partial \xi}+\dfrac{\partial N_i}{\partial z}\dfrac{\partial z}{\partial \xi} \\ \dfrac{\partial N_i}{\partial x}\dfrac{\partial x}{\partial \eta}+\dfrac{\partial N_i}{\partial y}\dfrac{\partial y}{\partial \eta}+\dfrac{\partial N_i}{\partial z}\dfrac{\partial z}{\partial \eta} \\ \dfrac{\partial N_i}{\partial x}\dfrac{\partial x}{\partial \zeta}+\dfrac{\partial N_i}{\partial y}\dfrac{\partial y}{\partial \zeta}+\dfrac{\partial N_i}{\partial z}\dfrac{\partial z}{\partial \zeta} \end{bmatrix} = \begin{bmatrix} \dfrac{\partial x}{\partial \xi} & \dfrac{\partial y}{\partial \xi} & \dfrac{\partial z}{\partial \xi} \\ \dfrac{\partial x}{\partial \eta} & \dfrac{\partial y}{\partial \eta} & \dfrac{\partial z}{\partial \eta} \\ \dfrac{\partial x}{\partial \zeta} & \dfrac{\partial y}{\partial \zeta} & \dfrac{\partial z}{\partial \zeta} \end{bmatrix}\begin{bmatrix} \dfrac{\partial N_i}{\partial x} \\ \dfrac{\partial N_i}{\partial y} \\ \dfrac{\partial N_i}{\partial z} \end{bmatrix} = \boldsymbol{J}\begin{bmatrix} \dfrac{\partial N_i}{\partial x} \\ \dfrac{\partial N_i}{\partial y} \\ \dfrac{\partial N_i}{\partial z} \end{bmatrix} \tag{2.107}$$

式中，$\boldsymbol{J}$ 为 Jacobin 矩阵，并且是关于局部坐标 $\xi\eta\zeta$ 的函数。由(2.107)可知

$$\nabla N_i = \begin{bmatrix} \dfrac{\partial N_i}{\partial x} \\ \dfrac{\partial N_i}{\partial y} \\ \dfrac{\partial N_i}{\partial z} \end{bmatrix} = \boldsymbol{J}^{-1} \begin{bmatrix} \dfrac{\partial N_i}{\partial \xi} \\ \dfrac{\partial N_i}{\partial \eta} \\ \dfrac{\partial N_i}{\partial \zeta} \end{bmatrix} \tag{2.108}$$

式中，$\boldsymbol{J}^{-1}$ 为 Jacobin 矩阵的逆。

体积微元 $\mathrm{d}v$ 的处理。由坐标变换易知：

$$\mathrm{d}v = \begin{vmatrix} \dfrac{\partial x}{\partial \xi} & \dfrac{\partial y}{\partial \xi} & \dfrac{\partial z}{\partial \xi} \\ \dfrac{\partial x}{\partial \eta} & \dfrac{\partial y}{\partial \eta} & \dfrac{\partial z}{\partial \eta} \\ \dfrac{\partial x}{\partial \zeta} & \dfrac{\partial y}{\partial \zeta} & \dfrac{\partial z}{\partial \zeta} \end{vmatrix} \mathrm{d}\xi \mathrm{d}\eta \mathrm{d}\zeta = |\boldsymbol{J}| \mathrm{d}\xi \mathrm{d}\eta \mathrm{d}\zeta \tag{2.109}$$

式中，$|\boldsymbol{J}|$ 是 Jacobin 行列式。

因此，六面体单元的积分可表示为

$$\begin{aligned} I &= \int_{\square H} f(N, \nabla N) \mathrm{d}x \mathrm{d}y \mathrm{d}z = \int_{\square H} f(\xi, \eta, \zeta) |\boldsymbol{J}(\xi, \eta, \zeta)| \mathrm{d}\xi \mathrm{d}\eta \mathrm{d}\zeta \\ &= \int_{-1}^{1} \int_{-1}^{1} \int_{-1}^{1} f(\varepsilon, \eta, \zeta) |\boldsymbol{J}(\varepsilon, \eta, \zeta)| \mathrm{d}\xi \mathrm{d}\eta \mathrm{d}\zeta \end{aligned} \tag{2.110}$$

利用 Gauss-Legendre 求积公式(Jin，2014)，式(2.110)可表示为

$$I = \sum_{k=1}^{n} \sum_{j=1}^{n} \sum_{i=1}^{n} g(\xi_i, \eta_j, \zeta_k) A_k A_j A_i \tag{2.111}$$

式中，$g(\xi_i, \eta_j, \zeta_k) = f(\xi_i, \eta_j, \zeta_k) |\boldsymbol{J}(\xi_i, \eta_j, \zeta_k)|$，$A_k$，$A_j$ 和 A_i 为高斯数值积分权，请参考表 2.6。

2.6 大型稀疏方程求解

2.6.1 对称正定性

正演最终需要求解如下大型线性方程组：

$$\boldsymbol{A}\boldsymbol{x} = \boldsymbol{b} \tag{2.112}$$

其中 $A_{ij} = \int_{\Omega} \sigma \nabla N_j \nabla N_i \mathrm{d}v + \int_{\Gamma_{\infty}} \alpha N_j N_i \mathrm{d}s$，矩阵 $\boldsymbol{A}$ 为对称稀疏矩阵。事实上，对任意非零向量 $\boldsymbol{x}$，有

$$\begin{aligned}
\boldsymbol{x}^\mathrm{T}\boldsymbol{A}\boldsymbol{x} &= (x_1,\cdots,x_n)\boldsymbol{A}(x_1,\cdots,x_n)^\mathrm{T} = (x_1,\cdots,x_n)\left(\sum_{j=1}^n A_{ij}x_j,\cdots,\sum_{j=1}^n A_{nj}x_j\right)^\mathrm{T} \\
&= \int_\Omega \sigma \nabla\left(\sum_{j=1}^n N_j\right)\cdot\nabla\left(\sum_{i=1}^n N_i\right)\mathrm{d}v + \int_{\Gamma_\infty}\alpha\left(\sum_{j=1}^n N_j\right)\left(\sum_{i=1}^n N_i\right)\mathrm{d}s \\
&= \int_\Omega \sigma\nabla U\cdot\nabla U\mathrm{d}v + \int_{\Gamma_\infty}\alpha U^2\mathrm{d}s > 0
\end{aligned} \tag{2.113}$$

式中利用了电位 U 的有限元展开式，电导率 σ 及系数 α 为正。由 $\boldsymbol{x}^\mathrm{T}\boldsymbol{A}\boldsymbol{x}>0$，可知系数矩阵 $\boldsymbol{A}$ 为对称正定阵。

对于二维问题，由于波数为实数，采用类似的证明过程，同样可证明系数矩阵的对称正定性。

2.6.2 稀疏矩阵的压缩存储

对于典型的直流电阻率模型，矩阵 $\boldsymbol{A}$ 具有高度稀疏的特性，每一行的非零元素非常有限，通常不超过 100，例如图 2.11 所示的矩阵 $\boldsymbol{A}$ 的典型稀疏特征。

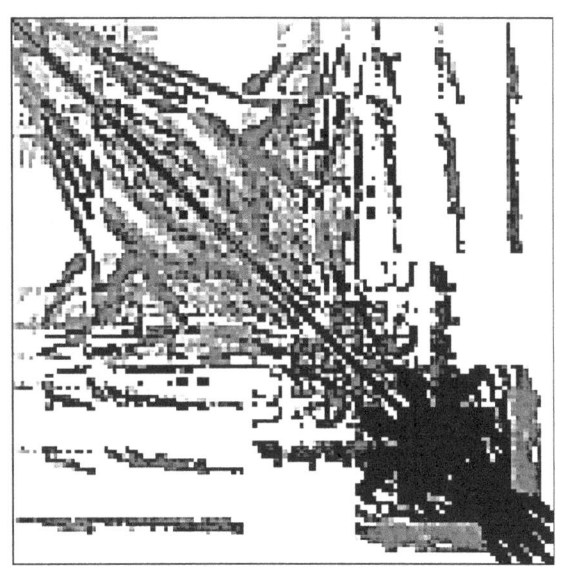

图 2.11 典型矩阵 $\boldsymbol{A}$ 的稀疏性

行压缩格式是存储稀疏矩阵最为广泛的格式(Saad，2003)。压缩任意稀疏矩阵 $\boldsymbol{A}$，只需要三个向量 $\boldsymbol{V},\boldsymbol{C},\boldsymbol{R}$。向量 $\boldsymbol{V}$ 用来存储矩阵中的按行排列的非零元素。向量 $\boldsymbol{C}$ 用来存储向量 $\boldsymbol{V}$ 中元素的列位置。向量 $\boldsymbol{R}$ 用来存储向量 $\boldsymbol{V}$ 中元素的起始行位置。

对下列的任意稀疏矩阵 A，有

$$A = \begin{pmatrix} 10 & 0 & 0 & 0 & -2 & 0 \\ 3 & 9 & 0 & 0 & 0 & 3 \\ 0 & 7 & 8 & 7 & 0 & 0 \\ 3 & 0 & 8 & 7 & 5 & 0 \\ 0 & 8 & 0 & 9 & 9 & 13 \\ 0 & 4 & 0 & 0 & 2 & -1 \end{pmatrix} \quad (2.114)$$

行压缩需要的三个向量如表 2.7 所示。

表 2.7 行压缩格式示例

V	10	−2	3	9	3	...	4	2	−1
C	1	5	1	2	6	...	2	5	6
R	1	3	6	9	13	17	20		

假设系统矩阵 A 的大小为 n^2，非零元素的个数为 nz，则向量 V 的长度为 nz，向量 C 的长度为 nz，向量 R 的长度为 $n+1$。因此，行压缩格式把原始的 n^2 内存消耗降为 $2nz+n+1$，大幅度减小了内存消耗。例如：当矩阵维数为 10000，非压缩格式的系统矩阵 A 需要的内存为 $10^4 \times 10^4 \times 32\text{B} = 3.0518\text{GB}$。对于此小型矩阵，需要超 3GB 的内存来存储矩阵，当矩阵维数超过 10000，则需要更多的内存。对

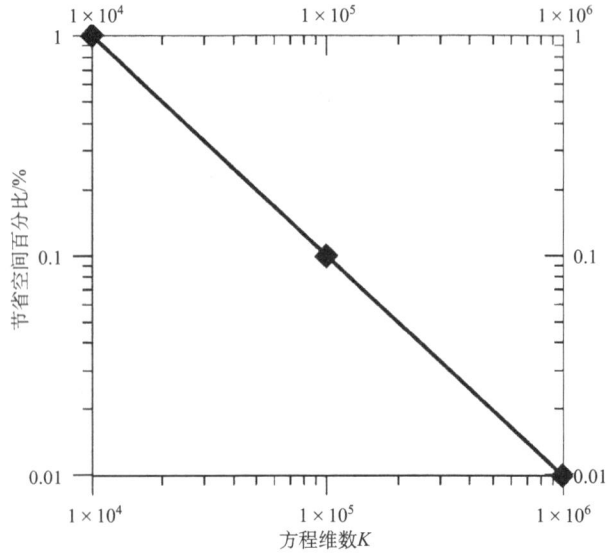

图 2.12 方程维数随节省空间百分比的变化关系

于三维直流电阻率问题，系数矩阵每行非零元素一般不超过 100，采用行压缩格式，消耗内存近似为 $100 \times 10^4 \times 32B = 0.0305GB$。相比非压缩格式，行压缩格式需要的内存减少了近 99.0%。为进一步说明行压缩格式的优越性，在图 2.12 中，我们展示了压缩比与矩阵维数的关系。由此可以看出，随着问题维数的变大，压缩比就越大，减小的内存消耗就越多，因此对于三维大规模问题，行压缩存储格式是必须采用的格式。

2.6.3 直接法和求解器

研究人员投入了大量的精力寻求有限元线性方程组的快速求解(Zhang et al.，1994；Spitzer，1995；Bing and Greenhalgh，2001；Wu，2003；Günther et al.，2006)。对于 2.5D 模型或者一般的 3D 模型，采用直接求解器可以获得满意的效果。

直接法包含多种求解算法，如波前法、LU 矩阵分解法。波前法适合于对称、非对称矩阵。波前法是一种利用较小内存求解大型线性方程组的算法。本质是普通高斯消去法在求解具有对称、高阶稀疏线性代数方程组的一种特殊形式，它不形成体系总体刚度矩阵，而只形成一个波前内相关单元的"分块刚度阵"，分解后即记入硬盘。依次在整个结构中遍历即完成体系的分块刚度矩阵的形成和消元，回代时逆序进行即可。所以，波前法使得占用内存的限度做到了尽可能的小，且可以提高并行性。

在此，我们仅仅列举简单的 LU 矩阵分解法。LU 法中，将 A 分解为单位下三角阵 L 与上三角阵 U 的乘积：

$$A = LU \quad (2.115)$$

其中 L 为下三角矩阵，U 为上三角矩阵，原方程变为

$$LUx = b \quad (2.116)$$

令

$$Ux = y \quad (2.117)$$

则

$$Ly = b \quad (2.118)$$

求解 $Ly=b$、回代 $Ux=y$ 得未知向量 x 的值。

虽然直接求解器的算法步骤简洁，但是却非常难以满足数值稳定和高计算效率等要求，因此，我们不建议读者自己开发直接求解器，而是建议使用已经被广泛测试、使用的高效直接求解器，如 PARDISO、UMFPACK、TAUCS 和 MUMPS 等。

PARDISO 是巴赛尔大学针对大规模稀疏线性方程组开发的高效并行直接求解器，采用 BLAS 软件包，实现算法中线性代数操作的 OpenMP 并行计算。大量数值测试表明，PARDISO 是目前最快的线性稀疏矩阵求解方法之一(Schenk and Gärtner，2004)。PARDISO 程序主要作者是：Olaf Schenk、Klaus Gaertner。PARDISO

求解器基于 LU 分解，融合了向左和向右算法的优点，采用超节点消去树进行填充元优化，降低算法的时空消耗。算法的具体步骤如下。①矩阵重排与符号分解：针对稀疏矩阵，设计合适的行列交换矩阵，对原矩阵进行交换与重排，使得新矩阵含有尽量少的非零元素。②矩阵 LU 分解：对新矩阵进行 LU 分解。③方程求解与迭代加速：利用 LU 分解结果，求解方程；如对结果精度有进一步要求，使用迭代法进一步提高精度。④迭代结束：释放求解器所占内存。

UMFPACK 是求解非对称稀疏线性方程的直接法求解器，使用非对称多波前法和直接稀疏 LU 分解法，依赖 Level-3 的 BLAS 基本函数库，使用简单，形成稀疏矩阵后，求解的步骤包括三步：①Symbolic Factorization；②Numerical Factorization；③Solve。UMFPACK 利用非对称实或复矩阵，并行机制为共享式，使用 C 语言编写。UMFPACK 对一般的非对称矩阵是鲁棒和高效的，它的特点是要么成功、要么内存不足。

TAUCS 是求解稀疏线性方程组的直接法求解器。该求解器可以解决实矩阵或复矩阵问题，使用的语言为 C 语言，并行的机制为共享式。TAUCS 非常适合于对称正定矩阵。

MUMPS 是求解稀疏线性方程组的直接法求解器。它可用于求解对称正定矩阵、对称矩阵以及非对称矩阵且矩阵可为实矩阵也可为复矩阵，MUMPS 依赖于 BLAS、BLACS、ScaLAPACK 这三个基本函数库，采用的 MPI 并行机制，使用的语言为 C 语言或 Fortran。为方便查阅，表 2.8 罗列了上述直接求解器的相关信息与下载地址（如果网址过期，读者可自行搜索相应关键词）。

表 2.8 常用直接求解器

名字	下载地址	类型
MUMPS	http://graal.ens-lyon.fr/MUMPS/	直接法
PARDISO	http://www.pardiso-project.org/	直接法
TAUCS	http://www.tau.ac.il/~stoledo/taucs/	直接法
UMFPACK	http://faculty.cse.tamu.edu/davis/suitesparse.html	直接法

2.6.4 预处理共轭梯度法和求解器

对于特大规模（如上千万，上亿未知数）模型，可以采用共轭梯度法获得满意效果，为了进一步加速迭代法的收敛速度，可以采用基于不完全 LU 分解或者不完全 Cholesky 分解的预处理矩阵。

共轭梯度法（congugate gradient method, CG）对对称稀疏且正定的线性方程组是非常有效的。在迭代的过程中，CG 法生成一些中间逼近解向量来趋向真实解向量，采用两次相邻向量的残差来重新设计下一步探索方向。在整个迭代求解过程中，我们仅仅需要存储小部分数量的向量，每一步迭代仅需要两个向量的向量积便可求出探索方向，保证迭代向量的正交性。

对于线性方程 $Ax = b$，$x^{(i)}$ 为第 i 次迭代解向量，其由探索大小 (a_i) 与探索方向 $p^{(i)}$ 决定：

$$x^{(i)} = x^{(i-1)} + a_i p^{(i)} \tag{2.119}$$

相应地，残差向量 $r^{(i)} = b - Ax^{(i)}$ 能够被升级为

$$r^{(i)} = r^{(i-1)} - a_i q^{(i)}, q^{(i)} = Ap^{(i)} \tag{2.120}$$

式(2.120)中，a_i 为

$$a_i = r^{(i-1)^T} r^{(i-1)} / p^{(i)^T} Ap^{(i)} \tag{2.121}$$

式(2.121)被用于最小化 $r^{(i)^T} A^{-1} r^{(i)}$。探索方向 $p^{(i)}$ 由下式决定：

$$\begin{aligned} p^{(i)} &= r^{(i)} + \beta_{i-1} p^{(i-1)} \\ \beta_{i-1} &= r^{(i)^T} r^{(i)} / r^{(i-1)^T} r^{(i-1)} \end{aligned} \tag{2.122}$$

式(2.122)第二项用以保证探索方向 $p^{(i)}$ 与残差向量 $r^{(i)}$ 在迭代过程总是相互正交。由于在求解线性方程 $Ax = b$ 前，对 A 进行了预处理矩阵 M 处理，因此共轭梯度法(CG)转化为预处理的共轭梯度法(PCG)。如果预处理矩阵 M 为单元矩阵 I，则 PCG 又转化为 CG 法。上述过程的伪代码如图 2.13 所示(Saad，2003)。

```
计算 r^(0)=b−Ax^(0)  x^(0)
for i=1,2,⋯
    solve Mz^(i-1)= r^(i-1)
    ρ_{i-1}= r^(i-1)^T z^(i-1)
    if i=1
        p^(1)=z^(0)
    else
        β_{i-1}=ρ_{i-1}/ρ_{i-2}
        p^(i)=z^(i-1)+β_{i-1} p^(i-1)
    endif
    q^(i)=Ap^(i)
    α_i=ρ_{i-1}/p^(i)^T q^(i)
    x^(i)= x^(i-1)+α_i p^(i)
    r^(i)=r^(i-1)−α_i q^(i)
    根据收敛率判断是否继续
end
```

图 2.13　预处理共轭梯度法(PCG)

根据构造 M 的不同方法，预处理共轭梯度法又可细分为：
(1) ICCG，在其中，
$$M = LL^T$$
JPCG (jacobin preconditioned conjugate gradient)，
$$M = \frac{1}{\varepsilon}\text{diag}(A)，\varepsilon 为一常数值$$
(2) SSORCG (symmetric successive over-relaxation conjugate gradient)，
$$A = D + L + U$$
$$M = \frac{1}{2-\varepsilon}(\frac{D}{\varepsilon} + L)(\frac{D}{\varepsilon})^{-1}(\frac{D}{\varepsilon} + U)$$
(3) ILUCG (incomplete LU decomposition conjugate gradient)，
$$A = (D + L)D^{-1}(D + U) + R$$
$$M = (D + L)D^{-1}(D + U)$$

开发数值稳定和高计算效率的迭代求解器也非易事，我们还是建议读者使用已经被广泛测试、使用的迭代求解器。目前，有大量开源库实现了不同种类的预处理共轭梯度迭代算法，如 PETSC、IML++、ITPACK、pARMS。PETSC 是求解稀疏线性方程的迭代求解器。它是专门为大规模的应用工程而设计的，像许多计算科学工程项目都是围绕着 PETSC 库而开展的。它精心的设计允许高级用户对该程序的计算过程有一个详细的控制。PETSC 可以解决实矩阵或复矩阵、对称正定矩阵或普通矩阵问题，支持的语言为 C 或 Fortran 语言，为共享式并行机制。

IML++是一个 C++函数库，该函数库专门用于迭代法求解线性系统，故又将其称为迭代法求解器。该求解器采用的方法有：CG、CGS、BiCG、BiCGSTAB、GMRES、QMR 等。该求解器可以解决对称正定矩阵或一般矩阵，实矩阵或复矩阵，稀疏矩阵或稠密矩阵，并以共享式为并行机制。

ITPACK 是一个解决大型稀疏线性系统问题的迭代法求解器。该求解器含有 4 个程序包，它们分别是：ITPACK 2C（单精度）、ITPACK 2C（双精度）、ITPACKV 2D 和 NSPCG。其中，ITPACK 2C 和 ITPACKV 2D 是专门用于解决对称正定矩阵的；NSPCG 有解决非对称矩阵问题的预处理器和多项式加速器；且单精度数据只能使用 ITPACKV 2D 和 ITPACKV 2D 包。

pARMS 是一个分布式稀疏线性系统并行求解器。它是基于预处理 Krylov 子空间的方法，使用了区域分解的观点。它基本的方法是依赖于递归多层次 ILU 分解法。该求解器可以解决实矩阵、对称正定矩阵或普通矩阵的问题，且运行环境为 C 或 Fortran 环境，并行机制为共享式。为方便查阅，表 2.9 罗列了上述的相关信息与下载地址。

表 2.9 常用迭代求解器

名字	下载地址	类型
PETSc	http://www.mcs.anl.gov/petsc/	迭代法
IML++	http://math.nist.gov/iml++	迭代法
ITPACK	http://www.netlib.org/itpack/	迭代法

2.7 数值模拟结果与评价

有限元程序编写是一项复杂的工作。借助于面向对象的技术，我们得以快速地进行程序编写、调试(任政勇，2007)，因此我们向读者推荐用 C++开发有限元程序。

均匀半空间模型。半空间规模为 10000m×10000m×7000m，电流为 1A，在地表面布 41 个测点，测点电极距为 0.25m，半空间电阻率为 10Ω·m，采用三极装置 AMN，其模型图示为图 2.14。

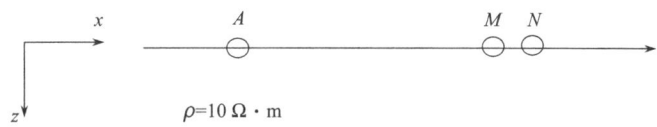

图 2.14 均匀半空间电阻率模型

水平二层模型。计算模型维数为 10000m×10000m×70000m，第一层电阻率为 10Ω·m，其高度为 15m，第二层电阻率为 1Ω·m。单点电源 A 位于全局坐标系(x,y,z)的原点，测线长 30m，电极距为 0.5m，采用三极 AMN 装置，其模型图示为图 2.15。

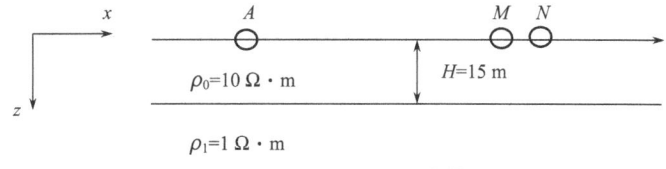

图 2.15 水平二层电阻率模型

Dike 模型。 Dike 模型等同于垂直三层模型，只是中间一层的厚度非常小。计算模型维数为 10000m×10000m×7000m，左边第一层电阻率 100Ω·m，其中间层电阻率为 10Ω·m，厚度为 5m，左边第三层电阻率为 100Ω·m。单点电源 A 位于全局坐标系(x,y,z)的原点，测线长 25m，从 10m 到 35m，电极距为 0.5m。

采用二极 AM 装置，模型图示为图 2.16。

本小节中，我们采用总场计算公式，如式(2.15)所示，采用 Tetgen 生成离散化的非结构化网格，采用线性四面体有限单元形成有限元线性方程组。本小节的测试目的是了解有限单元形状与数值解精度的关系、二次单元的优越性、网格加密技术与数值解精度的关系以及常规迭代求解器性能对比。这些测试结果希望能够为读者提供一定的参考价值，从而避免不必要的工作。

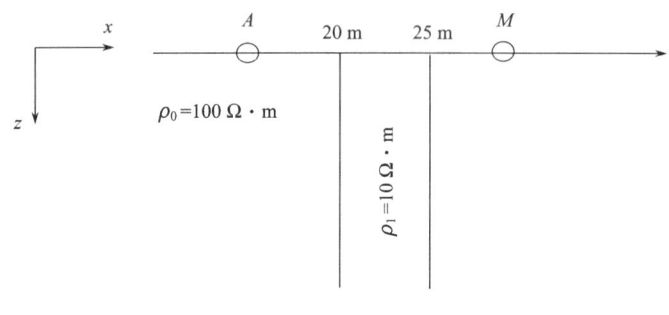

图 2.16 Dike 模型

2.7.1 数值模拟的评价标准

常规有限元法求解直流电阻率问题的算法优劣一般需要从计算量(计算速度和内存消耗)和数值解精度等两个方面来进行评价。已知地下电导率结构，采用本节推荐的非结构化网格之后，有限元算法的精度和求解速度则只和有限元单元的形状好坏、单元内形状函数的阶次、网格单元密度分布和求解器的性能有关。基于图 2.14~图 2.16 所示的三个模型，下文拟从单元形状、形状函数阶次、求解器性能来逐步分析各种不同常规有限元算法的优缺点。

2.7.2 单元形状与数值解精度的关系

有限元数值解精度严重依赖于网格的单元形状质量(Rucker et al., 2010a)和单元密度。即使计算结果正确，形状差的单元通过插值得到的未知量会存在很大的误差。单元形状质量通常可以由"纵横比"(外接圆的半径与最短边的比值，a)衡量。纵横比越大，单元质量越差，数值解精度也越低；纵横比减小，单元接近正四面体，计算精度越高，但纵横比太小，会带来计算效率的下降。选取均匀半空间模型为测试模型，其非结构化网格由 Tetgen 开源软件直接生成(Filipiak, 1996)，取形状控制因子(外接圆半径与最短边之比)a=3.0, 2.0, 1.2, 1.15, 1.1。采用线性与二次单元(Zienkiewicz et al., 1977)。图 2.17 为单元形状与数值解精度的关系。

显而易见，当外接圆半径与最短边之比 a 小于或等于 2.0 时，线性四面体网格内的任意一单元的面角不小于60°,地下半空间模型中的视电阻率相对误差不超过10%。当 a 超过最优化的范围1.1~1.2时,视电阻率的相对误差没有太大地降低,而节点数与单元数却快速地增加。从计算效率与精度相对结合来看。外接圆半径与最短边之比在1.15~1.2之内,可以算作最优区间。另外,我们还可以看出,二次单元的优越性。相对于线性单元来说,二次单元具有非常显著的误差收敛性,可以保证高精度结果。

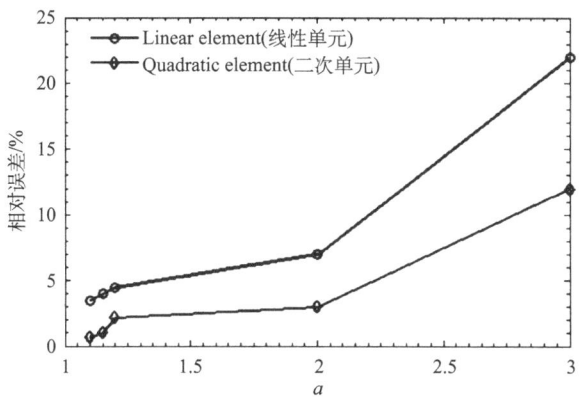

图 2.17　单元形状与数值解精度的关系

2.7.3　网格加密技术与数值解精度的关系

有限元数值解精度严重依赖于网格单元密度。一方面,加密网格可以提高计算精度,但同时会增加对计算资源的消耗,降低计算效率;另一方面,当网格加密到一定程度时,继续加密对精度的影响微乎其微。因此,正确的网格密度应该与物理量的梯度规律一致,如点电源及异常地质体附近电位梯度大,网格也应该密。

为了展示加密策略的重要性,本书测试了3种网格加密方法:全局体积加密策略(global volume-refinement,GVR)、局部体积加密策略(local volume refinement,LVR)和局部节点加密策略(local node refinement,LNR)。GVR 是在整个网格上对每个单元限定一个最小体积,因此 GVR 生成的网格中单元大小基本一致,如图 2.18(a)所示。LVR 是对不同区域采用不同的体积限制,在一些特定区域内采用较小的体积上限,在另一些区域则放宽体积限制(V^BMin>V^AMin),如图 2.18(b)所示。LNR 是 Rücker 在 2006 年提出,它是在测线的每个测点正下方增加一个节点,作为生成单元时的控制顶点,如图 2.18(a)所示,再由 DRT 完成网格剖分。由于 DRT 生成的单元质量与周围节点的分布有关,节点分布均匀,单元质量也高。显然,LNR 会破坏这种均匀性,从而影响单元的质量。为克服 Rücker 法对节点分布均匀性的破坏,我们提出另一种 LNR 方法:在测点正下方加入一个小的正四边形，四边形的中心在测线上的投影点与测点重合，并将四边形的 4 个角点作为生成单元时的控制顶点，再由 DRT 自动剖分网格，如图 2.18(c) 所示。

本小节测试中，Tet4 为 4 节点线性单元，Tet10 为 10 节点二次单元。

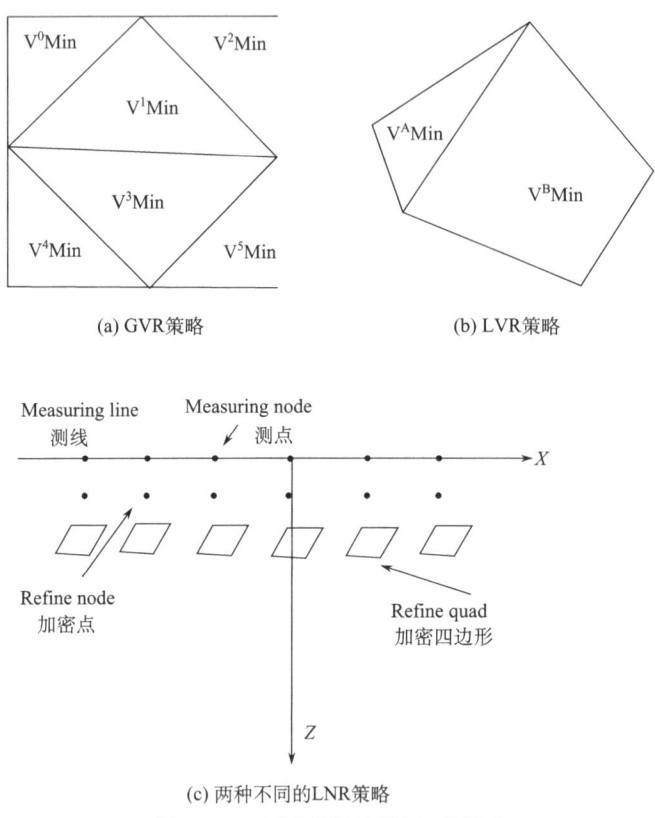

(a) GVR策略　　　　　　　(b) LVR策略

(c) 两种不同的LNR策略

图 2.18　三种不同的网格加密策略

记 N-LNR 为 Rücker 提出的加密策略，Q-LNR 为本书提出的加密策略，LVR 为局部体积加密策略生成的网格，DRT 为直接生成的网格。选用均匀大地作为计算模型，网格单元和节点数见表 2.10。

图 2.19(a) 给出了 N-LNR 和 Q-LNR 策略下的线性和二次单元的数值结果，其正确性和稳定性首先验证了我们编制程序的正确性。通过比较可以得出，没有加密的 DRT 线性网格误差最大，而且随测点到点电源的距离增加，误差并不是如同想象的那样稳定下降，而是强烈振荡。这是由于点电源附近强烈的奇异性，数值计算收敛性很不稳定，个别的"坏"单元和计算机舍入误差都可能对结果产生强烈影响。相反地，基于局部加密策略的 N-LNR 和 Q-LNR 方法的计算精度都有明显的提高[如图 2.19(b)]：线性单元时，N-LNR 法的平均相对误差约为 5.0%，

Q-LNR 法的约为 3.8%，最大相对误差也由 DRT 的 23.5%下降到 N-LNR 法的 10.8% 和 Q-LNR 法的 9.1%；二次单元时 Q-LNR 法表现出了比 N-LNR 法在幅值和形态的优越性，N-LNR 法的平均相对误差约 0.36%，Q-LNR 法的平均相对误差约 0.18%，且误差随测点远离点电源而稳定下降，在最近的电源点(−4.75m)相对误差约 2.4%。

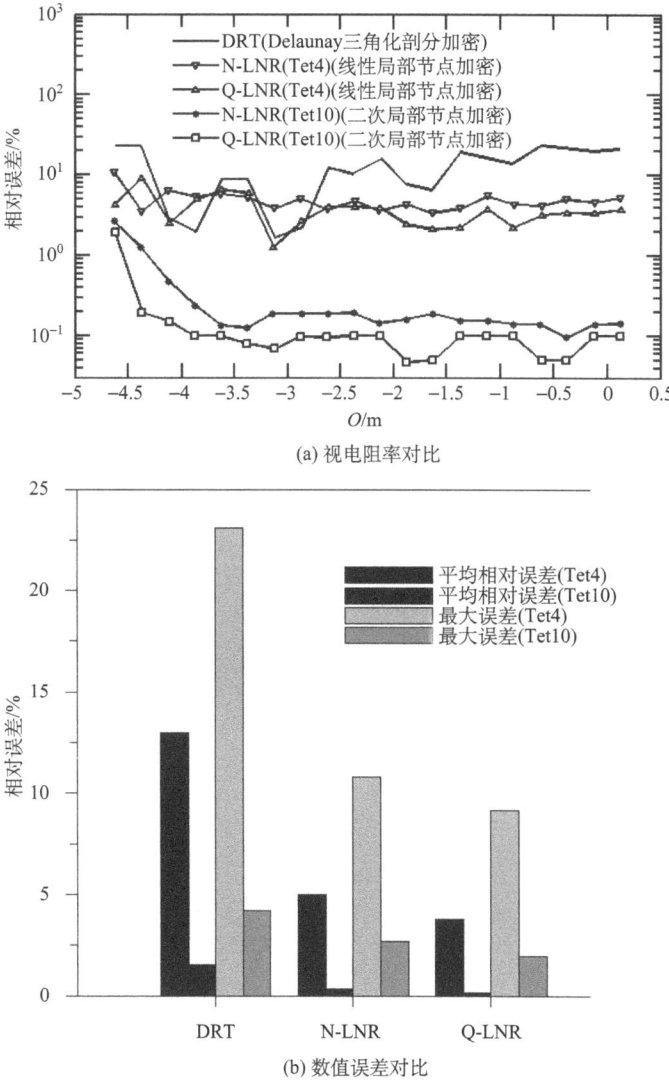

图 2.19 不同局部节点细化技术的误差曲线

图 2.19 可知，局部加密策略对提高计算精度有非常重要的作用。另外，本书提出的 Q-LNR 策略跟 Rüecker 的 N-LNR 法方法相比在提高精度上面有一定的优势：在节点数少的情况下，Q-LNR 有着更小的平均误差。显然地，二次单元比线

性单元拥有更高的收敛性和精度,且加密策略对结果没有非常明显的影响。但采用二次单元时节点数也快速增加,计算更加复杂,消耗的资源和时间也更多,这也是更多的时候人们宁愿选择线性插值函数的主要原因。

另外,我们对比了 Q-LNR 方法和基于局部体积加密的 LVR 方法的性能(图 2.20)。LVR 方法的网格参数见表 2.10;图 2.20 展示了 3 种不同方法生成的地表测线区域的局部有限元网格。相对于 DRT 方法,LNR 生成的加密节点主要集中在测线附近,因此,我们可以预测 LNR 方法网格在平衡精度和消耗上具有最优性能。图 2.20(a)也展示了 LVR 方法的过渡网格加密缺陷:在需要加密的测线附近区域,网格没有得到应有的加密;反而在过渡区域引入了多余的无效节点,从而加大了计算负担,对提高精度没有贡献。

表 2.10　均匀大地不同网格剖分一览

序号	网格	单元数	节点数	
			线性单元	二次单元
1	N-LNR	3125	2578	18993
2	Q-LNR	3086	2542	18281
3	LVR	19450	10394	298986

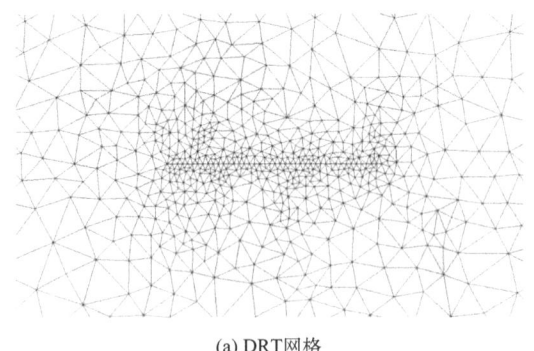

(a) DRT网格

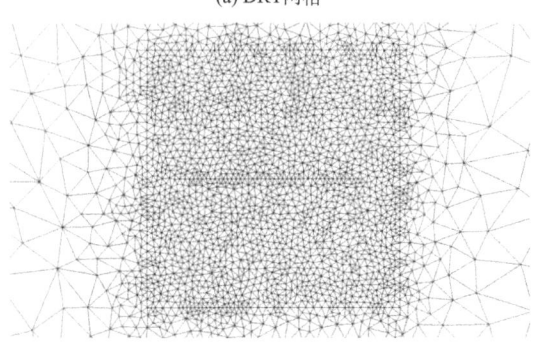

(b) LVR网格

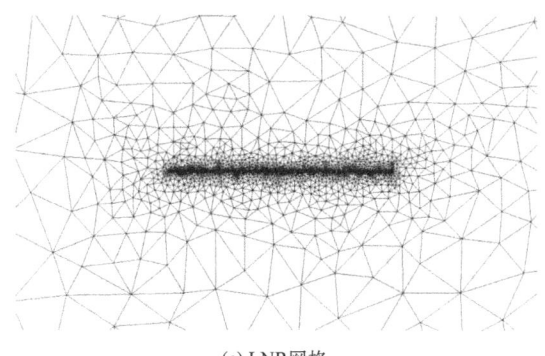

(c) LNR网格

图 2.20 均匀大地模型 3 种不同加密策略的测线附近有限元网格。(a) DRT 通过控制测点间单元形状实现加密；(b) LVR 网格分 2 个区域，一个体积约束为 1m³ 的测线内区域(30m×30m×30m)，一个为无体积约束的外区域；(c) LNR 通过在每个测点下 1.0m 深的地方加入边长为 0.25m 的正方形实现高质量的局部网格加密

选取二层模型作为测试模型，3 种网格的单元和节点数见表 2.11。由于 LVR 指定在点电源附近和地层分界面区域加密，节点数急剧增加。

表 2.11 二层介质网格剖分一览

序号	网格	单元数	节点数	
			线性单元	二次单元
1	DRT	9758	8596	9120
2	LNR	54750	10003	115067
3	LVD	914917	77323	160045

图 2.21 是线性单元时 3 种四面体网格计算的视电阻率与解析解的相对误差曲线。在 DRT 直接生成的网格上，平均相对误差约 5.53%，点电源附近(0.5m 处)，误差高达 30%。随着极距 AM 增加，误差很快降低，并在 3%~10% 之间振荡。LNR 网格上，测线上平均相对误差约 5.01%，点源附近误差约 9.87%。相对于 DRT 法，LNR 表现出来优异的数值误差稳定性。LVR 网格在提高精度方面表现最优异，平均相对误差和最大误差分别为 0.32% 和 0.63%，且测线上误差分布稳定，基本上消除了点源和地层界面奇异性的影响。图 2.22 是二次单元时的误差曲线。对比看出，误差分布规律和图 2.21 基本相似，但幅值大幅度减小。3 个网格的平均相对误差分别为 2.02%、0.05% 和 0.025%，电源点附近的最大误差则为 2.29%、0.625% 和 0.12%。

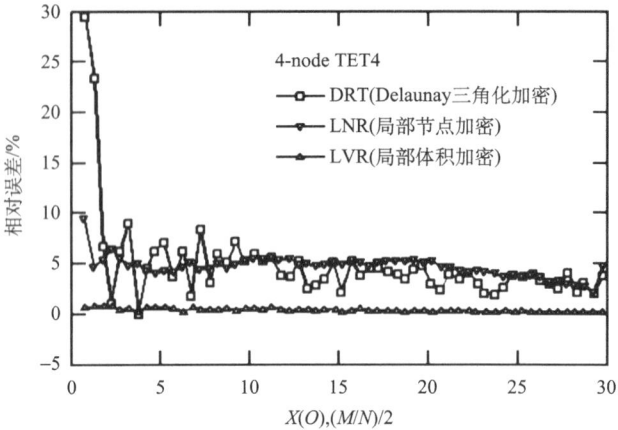

图 2.21　线性单元水平二层电阻率模型的电阻率相对误差

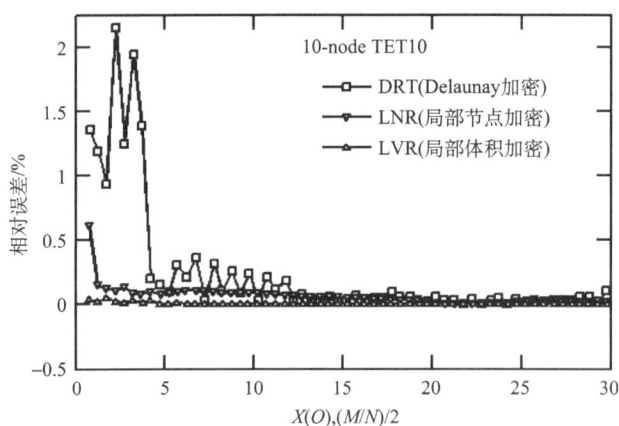

图 2.22　二次单元水平二层电阻率模型的电阻率相对误差

上述结果表明，即使采用总场计算方式，本书的局部节点加密策略也可以在合适的计算消耗和线性单元下给出相对可靠与稳定的视电阻率计算结果。局部体积加密策略可以基本消除奇异性的影响，有很高的计算精度，但节点数也快速增加，约相当于 LNR 网格的 7~9 倍，计算效率最低。在对精度要求十分苛刻时，LVR 网格和二次单元是可靠的选择。

选取 Dike 模型作为第三个测试模型，3 种网格的单元和节点数见表 2.12。由于 LVR 指定在点电源附近和地层分界面区域加密，节点数急剧增加。与水平地层时不同，由于横穿 2 个地层界面，DRT 网格需要更多的单元。

图 2.23 是线性单元时 3 种网格上计算的视电阻率曲线。直观上，3 种网格上都得到了与理论曲线形态"一致"的结果，而且误差也在可接受的范围，特别是

LVR 网格的结果与理论曲线几乎重合。因此，基于完全非结构化网格的三维电阻率模拟是完全可行的，能够得到高精度的数值计算结果。

表 2.12 Dike 模型网格剖分一览

序号	网格	单元数	节点数	
			线性单元	二次单元
1	DRT	267752	25558	210973
2	LNR	189601	32624	361263
3	LVR	229601	34568	456263

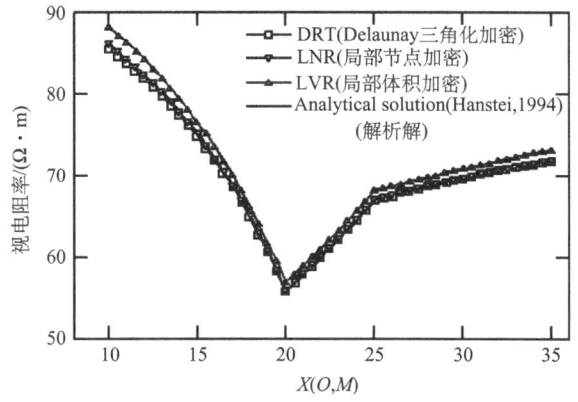

图 2.23 Dike 模型的电阻率曲线

由图 2.24 可知，如果直接采用 DRT 算法，那么较大的误差存在于数值解结果中，其平均相对误差较大；而采用了局部节点或体积加密技术之后，数值解的精度大大提高，其解越来越逼近真实的解析解。图 2.24 所示，在 DRT 线性网格中，整个测线上的相对误差为 2.86%，在电源点附近的相对误差为 1.72%；在 LNR 线性网格中，整个测线上的相对误差为 2.22%，在电源点附近的相对误差为 1.46%；在 LVR 线性网格中，整个测线上的相对误差为 2.01%，在电源点附近的相对误差为 1.04%。由此，可见本书所提高的两种局部加密技术不仅可以提高整个测线上的数据的可靠性，而且还可以有效地消除在总场技术下由供电源点引起的奇异性。这一结果，完全体现出非结构化网格加密技术的特征。但是存在一现象，即局部加密技术提高精度没有像二层水平模型那样明显。

图 2.25 显示了局部加密技术在二次单元的性能。由其可知，在 DRT 二次网格中，整个测线上的相对误差为 0.2%，在电源点附近的相对误差为 0.33%；在 LNR 线性网格中，整个测线上的相对误差为 0.10%，在电源点附近的相对误差为

0.32%；在 LVR 线性网格中，整个测线上的相对误差为 0.08%，在电源点附近的相对误差为 0.31%。由此，可见二次单元优越于线性单元的性质，结果表明加密技术的非结构化网格的高精度的结果(相对误差小于 1.0%)给我们求解复杂模型并得到可靠的数值解提供了一种选择。

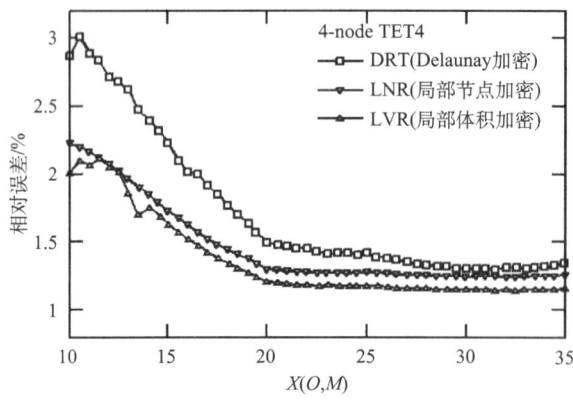

图 2.24　Dike 模型的电阻率相对误差曲线

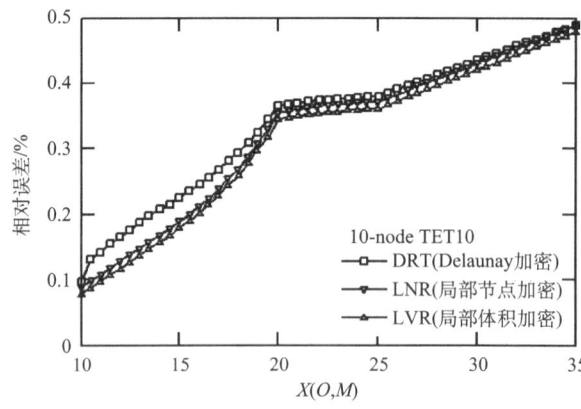

图 2.25　二次单元网格下的 Dike 模型的电阻率相对误差曲线

2.7.4　求解器性能对比

虽然我们建议采用直接求解器来求解中度规模的问题，在此还是值得测试迭代求解的收敛速度。为了展示本书所采用的基于压缩存储技术的预处理共轭梯度法(PCG)的性能，我们选择了基于局部加密技术生成的线性与二次网格来测试 PCG 求解器的性能，其测试结果如表 2.13 所示。

第 2 章 电阻率模拟的有限单元法

表 2.13 均匀半空间各种不同 CG 迭代器的性能测试(终止相对残差为 1.0E-14，终止迭代次数为 5000，n 为有限元方程维数)

n	求解器	迭代次数	残差	时间	内存/MB
17282 (Tet4)	CG	3076	9.917E-13	5.18	27.1
	ILU+CG	99	8.167E-13	0.7	30
	Jacobi+CG	305	8.776E-13	0.6	27.1
	SSOR+CG	123	9.587E-13	0.71	26.4
	IC+CG	86	9.017E-13	0.42	32.5
137351 (Tet10)	CG	5000	1.059E-04	248.48	128.2
	ILU+CG	227	9.553E-13	29.91	177.7
	Jacobi+CG	719	9.522E-13	39.36	129.2
	SSOR+CG	278	9.314E-13	34.18	129.2
	IC+CG	156	9.125E-13	24.78	200.4

如表 2.13 所示，最大迭代次数为 5000，终结残差范数为 10^{-14}。显而易见，没有经过预处理的 CG 法，需要超过 10^3 次迭代来完成求解(并且有时还不能顺利终结)，而经过预处理后的 CG 法有着显著的性能提高。其中，JacobiCG 迭代次数比 CG 法快 8~10 倍，并且消耗的计算内存几乎一样。我们还可以看到，SSORCG 法在节约内存方面有优越性(Bing and Greenhalgh，2001；Li and Spitzer，2002)，而 ILUCG 与 ICCG 法在求解速度方面有优越性，特别是 ICCG 法有着出众的求解速度。

我们同样测试了各种求解器在 Dike 模型的性能(基于 LNR 算法)，其结果如表 2.14 所示。

表 2.14 Dike 模型的各种不同预条件 CG 迭代器的性能测试(终止相对残差为 1.0E-14，终止迭代次数为 5000，n 为有限元方程维数)

n	求解器	迭代次数	残差	时间	内存/MB
32624 (Tet4)	CG	5000	9.012E-13	12.35	45.6
	ILU+CG	456	9.125E-13	1.85	46.1
	Jacobi+CG	345	9.485E-13	1.15	50.1
	SSOR+CG	278	9.012E-13	1.05	42.1
	IC+CG	204	9.789E-13	0.89	75.6
211263 (Tet10)	CG	5000	9.012E-04	345.6	254.2
	ILU+CG	249	9.125E-13	40.56	264.2
	Jacobi+CG	214	9.452E-13	39.98	214.2
	SSOR+CG	208	9.142E-13	37.56	244.8
	IC+CG	178	9.978E-13	28.45	300.4

如表 2.14 所示，我们同样可以得到上述类似结论。

2.8 本 章 小 结

直流电阻率法的常规有限元算法得到了长足的发展，国内外研究人员提出了大量不同的求解算法及策略。本章中，我们从理论分析和数值验证两方面系统分析了常规有限元算法的各个环节及各种计算策略的优缺点，并给出了可行的求解建议。

首先，我们提出了 2.5D 问题的新的最优化波速，其不仅仅大幅度提供了 2.5D 问题的正演精度，而且还加快了求解效率和速度。

其次，我们还提出了采用 Delaney 四面体完全自动剖分技术来精确模拟带任意地形的复杂地电模型，解决了结构化网格不能精确处理地形的技术问题。我们还分析了不同非结构化网格的剖分技术的优缺点，即常规非结构化网格技术、局部节点加密技术、局部体积加密技术。数值测试验证了基于局部体积加密技术的出众性。

然后，我们还测试了线性单元、二次单元的性能，测试结果表明在相同的网格上二次单元能够显著提高数值解精度。但是，二次单元会大幅度提高未知数的个数，从而加倍提高了计算量。因此，根据我们的经验，不推荐采用二次单元，这是因为二次单元会加剧程序实现的难度。

最后，我们测试了不同求解（迭代法）的求解性能：经过预处理后的共轭梯度法明显快于传统的共轭梯度法（一般来说，要快 10~20 倍）。基于求解器的测试，进一步说明了 SSORCG 在节约内存的同时，还具有明显的快速性；ILUCG 和 ICCG 具有求解速度的出众性（特别是 ICCG 法）。对于中小规模问题，除了采用上述基于预处理器的迭代法之外，我们建议采用直接求解器，如 PARDISO 和 MUMPS。根据我们多年的经验，不建议研究人员自己编写求解器，一方面是容易陷入程序测试陷阱，另一方面是自己编写的求解器往往没有已知（特别是开源）求解器的性能。地球物理工作者应该尽量避免不必要的工作，只专注于地球物理问题本身。

值得提出的是，本章的有限元算法不涉及有限元网格的最优化设计。有限元理论告诉我们，一旦网格、单元阶次确定，有限元数值解的精度就确定。这意味着对于复杂的地电模型，需要设计出最能逼近未知场的有限元网格，然而未知场具有复杂的形态，研究人员很难设计出其要求的最优化网格。这种常规有限元法的固有缺陷严重制约了人们研究复杂地电问题的能力。从 2007 年开始，我们设计了全新的复杂 3D 直流电模型的网格自动加密算法，使得研究人员能够完全依靠计算机来全自动、全自适应调整网格，从而获得任意模型的高精度正演结果。另外，我们还考虑了多电极系统的多源性质、地下电导率各向异性等复杂情况，开发了一系列全新、可靠的实用化直流电阻率正演算法，具体算法及其结果请参考后续章节。

第3章　基于非结构化网格的自适应有限元法

3.1　传统有限元法不足之处

一旦给定电阻率模型，数值解可由标准的有限元求解。当电阻率模型的有限元网格分布呈最优化状态时，数值解的精度才能够得到保证。事实上经常达不到这一最优化假定，从而无法保证数值解的精度，对于复杂的模型这一缺陷更为突出。这种"一次性有限元法"常被称为标准有限元法(standard finite element method，SFEM)或传统有限元法(conventional finite element method，CFEM)。标准有限元法假设网格节点与单元都分布在必要的位置。不幸的是，这种假设都不成立，通常的网格离散化技术(徐世浙，1994；底青云和王妙月，1998；阮百尧和熊彬，2001)并不能生成最优化的网格，节点与单元并没有在正确的位置上。另外，多余插入的节点并不能提高精度却加大了计算量。算法流程如图3.1所示。

由图 3.1 可以清楚地看出传统有限元法的不足之处。有限元法数值模拟中，我们通常会遇到如下几个问题：

(1)模型的有限元网格离散存在较大的误差，不能够有效逼近复杂的模型边界；

(2)有限元网格中的节点与单元密度分布不合理，不能够有效逼近复杂未知场的变化；

(3)数值解精度由初始的有限元离散网格决定，依赖先验信息；

(4)数值解精度只能由单元足够小与单元形状函数阶次足够高决定。

上述问题(1)可由完全非结构化网格技术加以解决。对于问题(2)，虽然完全非结构化网格技术能够生成呈梯度状分布，但是其却不能够说明何处要加密、何处不加密，生成对数值解精度贡献不大的节点，加大计算量。对于问题(3)，分析简单模型时，有足够的先验信息指示网格中何处节点应该加密、变稀；对于复杂未知模型，很难确定网格加密需要的先验信息，导致了复杂模型解精度的不确定性。当然，这一问题可以通过传统有限元的误差收敛理论来保证，这就是所谈的问题(4)。要保证复杂模型数值解的高精度，就必须要求所有单元无限小和形状函数阶次足够高。这一要求显而易见地会导致巨额的节点数，从而几乎不可能在个人计算机(甚至在中小型工作站)上进行模型计算。

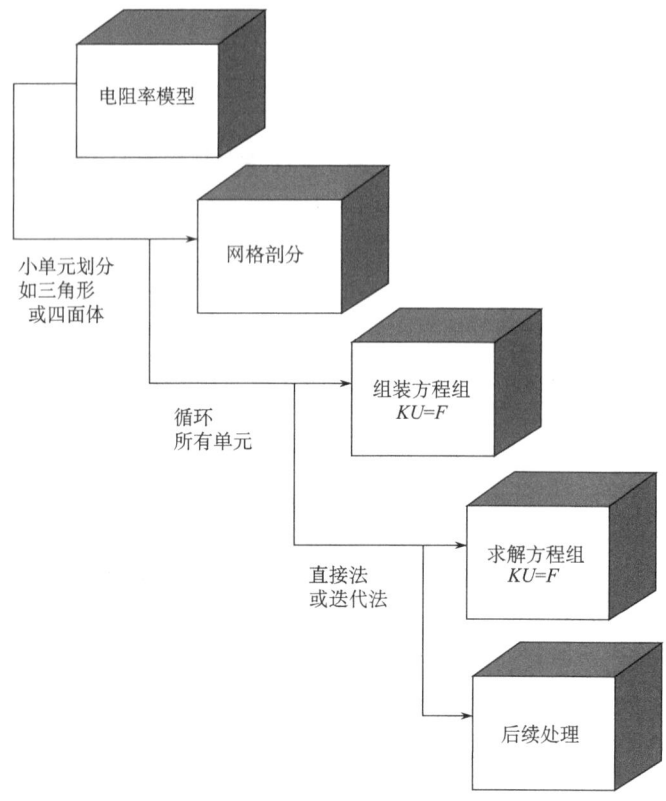

图 3.1　标准有限元法流程图

所幸的是，我们可以采用网格迭代加密的思想来解决上述问题，即通过保证每一次网格上的相对误差值越来越小并且收敛于给定小值，从而保证最后一步的数值解可以作为未知的真实解。这一假定被称为自适应有限元法(adaptive finite element method，AFEM)。自适应有限元法有别于传统有限元法的地方是通过保证每一迭代的网格越来越最优，并且数值解误差收敛于给定界限，从而在最后一步网格上获得高精度数值解。

3.2　Z-Z 后验误差估计方法

1967 年工程师 Zienkiewicz 和 Cheung 最早发现了有限元的超收敛现象。在计算中发现线性有限元解的导数在某些特殊点上有特别高的精度，这种现象后来被 Douglas-Dupont 称为有限元的超收敛性，这些特殊的点称为超收敛点。超收敛性质在不大幅增加计算量情况下，显著地提高有限元解及其导数的精度，从而构造准确的后验误差估计算法。

有限元超收敛的重要性直到 1978 年才由中国人陈传淼-朱起定发现,从此二十多年蓬勃发展。目前,国际上有限元的超收敛的研究主要有三大学派,即美国的 Ithaca、Texas 及中国学派。其中 Ithaca 学派以 Schatz、Sloan、Wahlbin 为代表。美国 Texas 学派的代表人物是有限元研究的元老 Babuska,他们基于计算机搜索系统研究了有限元的超收敛性,不仅检验了已有的超收敛理论结果,还获得了许多新的结果,为广大理论工作者提供了大量的崭新的课题。中国学派的代表性人物为陈传淼、朱起定、林群、黄云清,例如:1989 年朱起定与林群共同完成的《有限元超收敛理论》是国际上第一本全面系统地阐述二阶椭圆问题(直流电直流问题)的有限元超收敛理论的专著。

单元误差指示值需要利用后验误差估计方法来计算。后验误差估计方法(Ainsworth and Oden,2002)主要分为残差后验误差估计法与梯度恢复后验误差估计法。残差型的后验误差估计技术利用局部区域的残值(Ainsworth and Oden,1993)来估计后验误差,只有选择合适的物性误差指标才能达到好的收敛效果。相对于残差后验误差估计法,梯度恢复后验误差估计法就显得相对简单与高效,被广泛地应用在其他领域如计算流体力学、结构力学等学科中(Ainsworth and Oden,2000)。

在所有的梯度恢复技术中,Zienkiewicz 与 Zhu 提出的基于超收敛恢复技术(super-convergence path recovery,SPR)的 Z-Z 后验误差估计方法表现出最优的性能(Ainsworth,1989;Zienkiewicz,1992a)。首先假设线性有限元网格有 n 个节点和 m 个单元,U 为计算得到的数值电位,∇U_x^h 为电位有限元数值梯度 x 分量。由线性有限元数值解的超收敛性可知,Gauss 积分点上梯度值精度阶数为 $p+1=1$,其他点处的精度阶次为 $p=0$。在单元 Ω_i 的附近区域,引入阶数为 1 的线性多项式来逼近未知高精度梯度 $\boldsymbol{P}$ 的 x 分量,并建立最小二乘模型:

$$\begin{aligned} \min G &= \min \int_\Theta \left(\nabla U_x^h - P_x\right)^2 \mathrm{d}\Omega \\ &= \min \int_\Theta \left(\nabla U_x^h - \boldsymbol{F}^\mathrm{T}\boldsymbol{a}\right)^2 \mathrm{d}\Omega \\ &= \min \int_\Theta \left(\nabla U_x^h - [1,x,y,z]^\mathrm{T}[a_1,a_2,a_3,a_4]\right)^2 \mathrm{d}\Omega \end{aligned} \quad (3.1)$$

其中,$P_x = \boldsymbol{F}^\mathrm{T}\boldsymbol{a}$,$\boldsymbol{a}$ 为多项式的系数,区域 Θ 所包含的单元个数一般为大于 3。最小化式(3.1)得

$$\left(\int_\Theta \boldsymbol{F}^\mathrm{T}\boldsymbol{F}\mathrm{d}\Omega\right)\boldsymbol{a} = \int_\Theta \boldsymbol{F}^\mathrm{T}\nabla U_x^h \mathrm{d}\Omega \quad (3.2)$$

式(3.2)为 4×4 的线性方程,可以快速求解获得 $\boldsymbol{a}$ 及 P_x。另外,$\boldsymbol{P}$ 的其他分量可以

采用相似的过程求得。求得高精度梯度值 $\boldsymbol{P}$ 后，单元 Ω_i 的误差 e_i 为

$$\|e_i\| = \sqrt{\int_{\Omega_i} \left(\nabla U^h - \boldsymbol{P}\right)^{\mathrm{T}} \left(\nabla U^h - \boldsymbol{P}\right) \mathrm{d}v} \tag{3.3}$$

类似于式(3.3)，2.5D 直流问题中单元 Ω_i 误差 e_i 为

$$\|e\|_i = [\int_{\Omega_i} (\mathrm{d}U - \nabla U^h)^{\mathrm{T}} (\mathrm{d}U - \nabla U^h) \mathrm{d}s]^{1/2} \tag{3.4}$$

其中 $i=1,2,\cdots,n_e$，n_e 表示模型剖分的单元总数，Ω_i 为单元子区域，∇U^h 为有限元解梯度，$\mathrm{d}U$ 为精确未知梯度。Z-Z 后验误差方法的思想是通过一定的方法寻找与未知真实梯度接近的梯度值。在二维有限单元(如三角形和四边形)内的一些特定点(如高斯积分点)，电位数值梯度存在超收敛性，超收敛点的数值梯度值具有比其他点数值梯度高至少一阶精度的特点。如图 3.2，线性四边形单元的超收敛点为单元中心点，梯度数值精度达到 $o(h^2)$；二次四边形单元的超收敛点为四个内部点，梯度数值精度为 $o(h^3)$，这种现象又被称为 ultra-convergence。

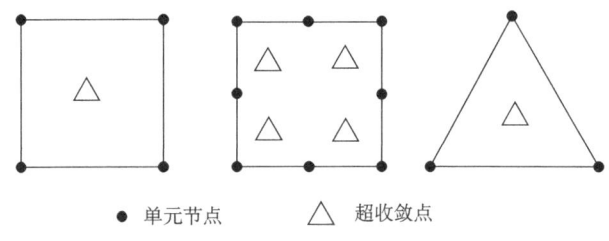

● 单元节点　　△ 超收敛点

图 3.2　单元内梯度超收敛点

2.5D 情况类似于 3D 情况，我们首先构建包含单元 Ω_i 在内的区域 Θ，并在区域 Θ 内构建用多项式表示的待恢复梯度值 $\boldsymbol{P}$，$\boldsymbol{P}$ 为 2 维向量。假设 y 方向为走向，多项式梯度 $\boldsymbol{P}$ 只包含 x, z 方向梯度分量。多项式梯度 $\boldsymbol{P}$ 的阶数与采用的有限单元相同，对于线性 2D 三角形单元，$\boldsymbol{P}$ 的最高阶次为线性。多项式梯度 $\boldsymbol{P}$ 定义为

$$P_j = \boldsymbol{F}^{\mathrm{T}} \boldsymbol{a} \qquad (j=x,z) \tag{3.5}$$

其中：

$$\boldsymbol{F} = \begin{bmatrix} 1 \\ x \\ y \end{bmatrix}, \quad \boldsymbol{a} = \begin{bmatrix} a \\ b \\ c \end{bmatrix}^{\mathrm{T}} \tag{3.6}$$

多项式梯度 $\boldsymbol{P}$ 的系数可通过最小化其在超收敛点上的值与低一阶的有限元数值梯度得

$$\min \int_\Theta (P_j - \nabla U_j^h)^2 \mathrm{d}s \tag{3.7}$$

其中 Θ 为计算区域。式(3.7)求极小可得

$$\left(\int_\Theta \boldsymbol{F}^\mathrm{T}\boldsymbol{F}\mathrm{d}s\right)\boldsymbol{a} = \int_\Theta \boldsymbol{F}^\mathrm{T}\nabla U_j^h \mathrm{d}\Omega \tag{3.8}$$

求得 $\boldsymbol{a}$ 后，利用式(3.5)可得区域 Θ 内的恢复梯度 $\boldsymbol{P}$，将精确未知梯度 $\mathrm{d}U$ 替换为恢复梯度 $\boldsymbol{P}$，利用式(3.4)便可计算出单元误差值。

3.3 h 型自适应有限元方法

存在三种不同的自适应有限元策略，即 h 型，p 型和 hp 型自适应有限元分析方法。h 型自适应策略旨在保持有限单元形状函数阶次不变的情况下，调整单元分布的密度，即在未知场变化剧烈的地方增加单元(未知数)个数，在未知场变化平缓的地方减小单元(未知数)的个数，从而在未知数个数一定的情况下达到提高数值解精度的目的。p 型自适应有限元方法的收敛速度是 h 型的几倍，hp 型的自适应有限元方法有呈指数收敛的速度。但是 p 型自适应有限元法、hp 型自适应有限元法具有实现的复杂性，因此，我们只采用 h 型自适应有限元方法。在 h 型自适应有限元方法中，我们的目标是减小网格的误差估计值使其小于给定的终止误差值，并尽量使每个单元上的误差指示值均匀分布。

首先，用标准的有限元法在粗网格上得到低精度数值解，然后 Z-Z 后验误差估计技术被用于计算单元误差指示值与全局误差估计值。一般来讲，较大的全局相对误差估计值与单元误差指示值会在一个较粗的网格上发生，随后，自适应有限元过程便通过减少全局相对误差估计值与单元误差指示值重新设计单元大小呈现最优分布的网格，从而实现网格的自动加密过程(如图 3.3 所示)。

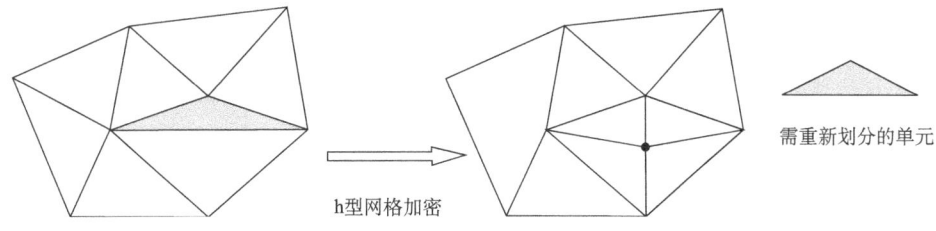

图 3.3 h 型自适应网格加密示意图

最简单的网格重新设计方法为在每个单元上平均分配总误差，从而获得单元误差分配值 E_D。定义单元误差 e 与单元平均分配误差之比：

$$\varepsilon = \frac{e}{E_D} \tag{3.9}$$

如果 $\varepsilon>1$，则相应的单元应该被加密；如果 $\varepsilon<1$，则其显示相应的单元应该被加粗。基于有限元法的标准收敛速度 $O(h^{-p})$（Zienkiewicz and Taylor，2000），我们可预测新的单元大小：

$$h_{\text{new}} = h_{\text{old}} / \varepsilon^{1/t} \tag{3.10}$$

式中，h_{old} 为当前单元大小；h_{new} 为新单元大小；t 为加密因子，其值在非奇异区域等于有限元的单元阶数 p，在奇异区域等于奇异强度 $\lambda \leqslant p$。当采用线性有限元单元时，p 等于 1.0，奇异强度 λ 为 0.5~1.0（Zienkiewicz and Taylor，2000）。新单元大小的预测提供了一种局部加密或加粗的方式。h 型自适应有限元法的算法流程图请参考图 3.4。

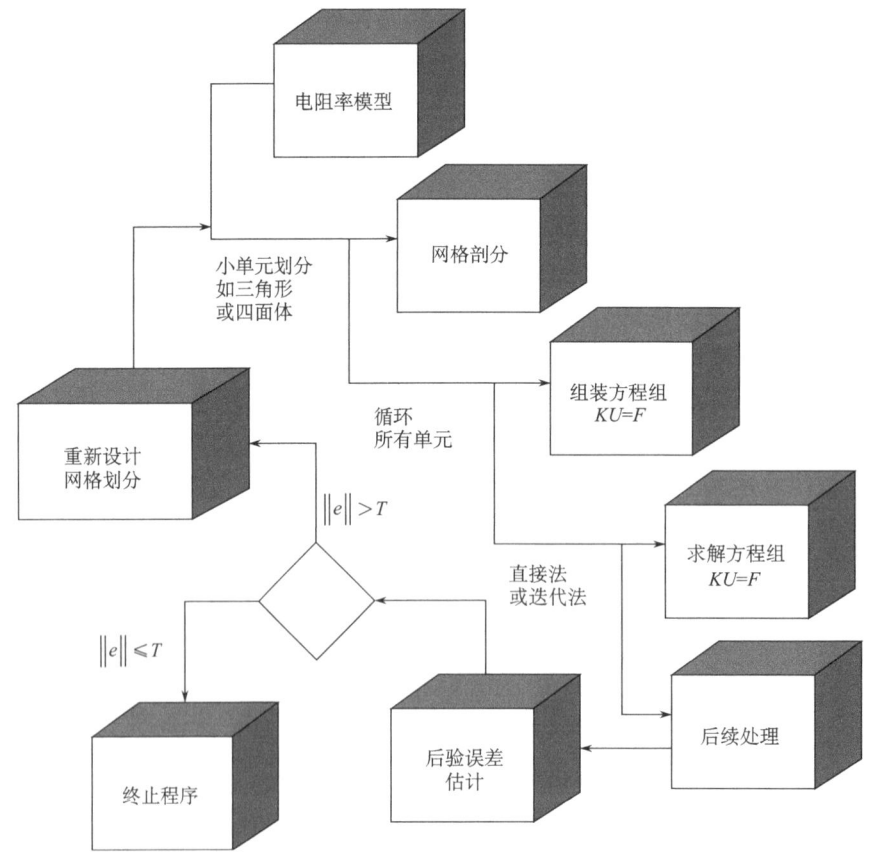

图 3.4　h 型自适应有限元法流程图。T 为给定一小正值，$\|e\|$ 为经过如图所示的误差估计方法（error estimator method）计算的当前网格上的误差。如果 $\|e\|>T$，则我们会减小单元大小

3.4 数值计算结果及评价

3.4.1 3D 结果

本小节中，我们采用总场计算公式，如式(2.15)所示，采用 Tetgen 生成离散化的非结构化网格，采用线性四面体有限单元形成有限元线性方程组，采用 ICCG 法求解线性方程组。自适应加密算法采用前文描述的基于 Z-Z 后验误差估计的技术。本小节的测试目的是展示自适应加密算法在总场情况下加密电位变化强烈区域的能力，并测试其逐步提高有限元精度的能力，进而验证其是否具有为任意复杂模型提供可靠数值解的本领。

影响自适应有限元计算精度及效率的因子为目标全局误差估计值 $\eta_{\lim}$、加密因子 ε 和奇异强度因子 λ。$\eta_{\lim}$ 可取 15%，10%，5% 和 1%，加密因子 ε 一般大于 1.0，奇异强度因子 λ 介于 0.5~1.0 之间。众多试验表明最佳的取值为：$\eta_{\lim} = 10\%$，$\varepsilon = 1.0$，$\lambda = 0.5$。

球体模型。在地下均匀半空间中存在半径为 R 和埋深为 $H = 2R$ 的球体。此模型具有解析解(Robert，1966；He，1980)。计算区域维数为 10000m×10000m×1200m，球体半径 R 为 2.25m，其中心位于 (0, 0, −4.5m)，Z 轴的正方向向下，$\pm x, \pm y$ 的方向沿着地面，见图 3.5。测线长为 10m，起点为 (0m, −5m, 0m)，终点为 (0m, +5m, 0m)，测点间隔为 0.25m。单位供电点 A 位于点 (0m, −5m, 0m)。球体的电阻率为 1Ω·m，均匀半空间的电阻率为 10Ω·m。

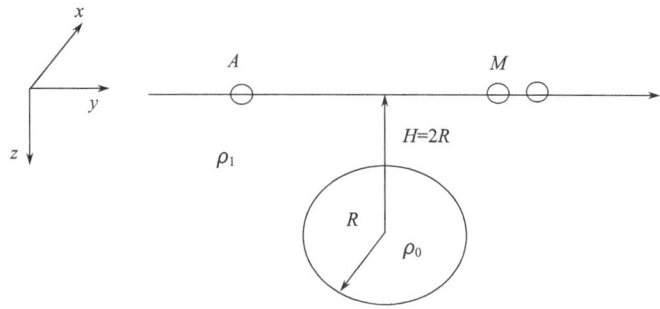

图 3.5 地下埋藏球体模型

图 3.6 展示了球体模型的网格自适应局部加密过程。图 3.6(a) 展示了含有 163 个节点和 2341 个四面体线性单元的起始模型。图 3.6(b) 为第一步加密之后的网格，含有 2579 个节点和 13901 个四面体线性单元。图 3.6(c) 为由 Z-Z 后验误差估计技术重新设计的第二步加密网格，含有 57039 个节点和 517604 个四面体线性

单元。3.6(d)为第三步加密之后的网格,含有 105132 个节点和 634037 个四面体线性单元。在第二步加密网格中,节点和单元的密度在电源点附近非常大,避免奇异现象;在远离电源点附近,节点和单元的密度呈梯度减小。第一次的加密网格中这种呈梯度状的节点与单元分布不存在,不可避免地产生较大的误差。在第一次的粗网格中存在 20%~90%的误差指示值,自适应过程加密这些粗单元。在第一次的粗网格中,平均误差指示值为 22%,最大的误差指示值为 34%,最小的误差指示值为 0.001%。最大的误差指示值发生在点(0, 20, 0)附近,其值为 10%~34%。第二步加密网格的误差指示图中,误差指示值大幅度地减小,平均误差指示值为 5.3%,是第一次网格的 0.24 倍。第二步加密网格中,最大的误差指示值发生在点(0, 20, 0)附近,最大的误差指示值为 10.2%,最小的误差指示值为 0.001%。这种误差渐渐收敛的现象提供了数值解精度的可靠保证,相对误差小于 0.5%的视电阻率值对于绝大多数地球物理应用来说,其精度足以可靠。SSORCG 求解第二步的 57039×57039 矩阵只要 101 个迭代步,消耗 2.4 分钟的时间,中止残差为 1×10^{-14}。

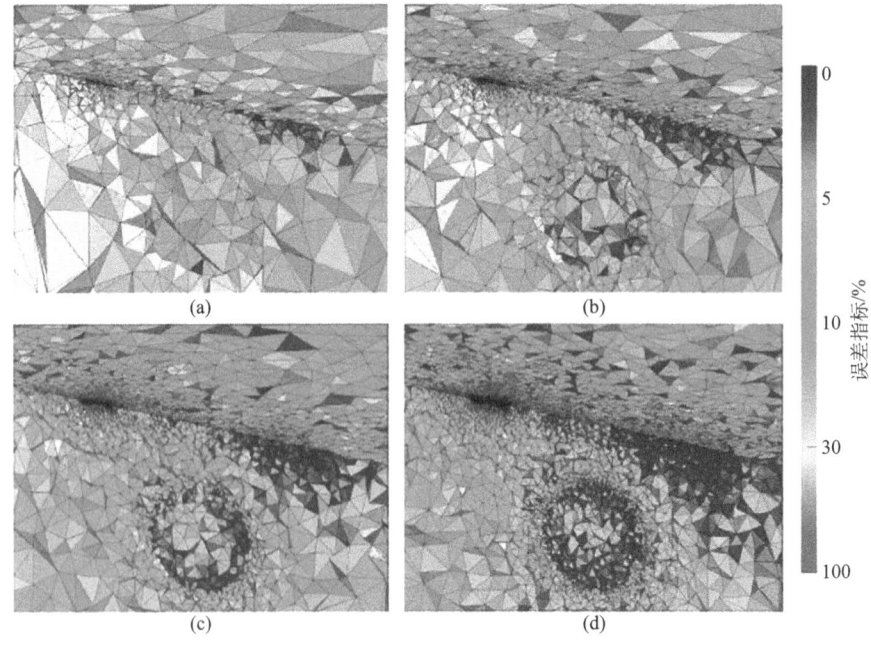

图 3.6 球体模型网格自适应加密及单元误差百分比(ε)

图 3.7(a),(b)显示了相应的视电阻率误差曲线。在第一步加密网格中,在奇异区域和测线上获得 4.42%和 2.05%的视电阻率平均相对误差,表明了数值解的精度太低以至于这样的视电阻率值没有可靠性。在第二步加密网格中,在奇异区

域和测线上获得 3.00%和 0.92%的视电阻率平均相对误差,显示了视电阻率值的可靠性。在第三步加密网格中,在奇异区域和测线上获得 1.72%和 0.47%的视电阻率平均相对误差。在第四步加密网格中,其分别为 0.81%和 0.21%。由此可见,自适应有限元法数值解有很强的可靠性,其可大幅度减少工作量,实现真正意义上的全自动计算。

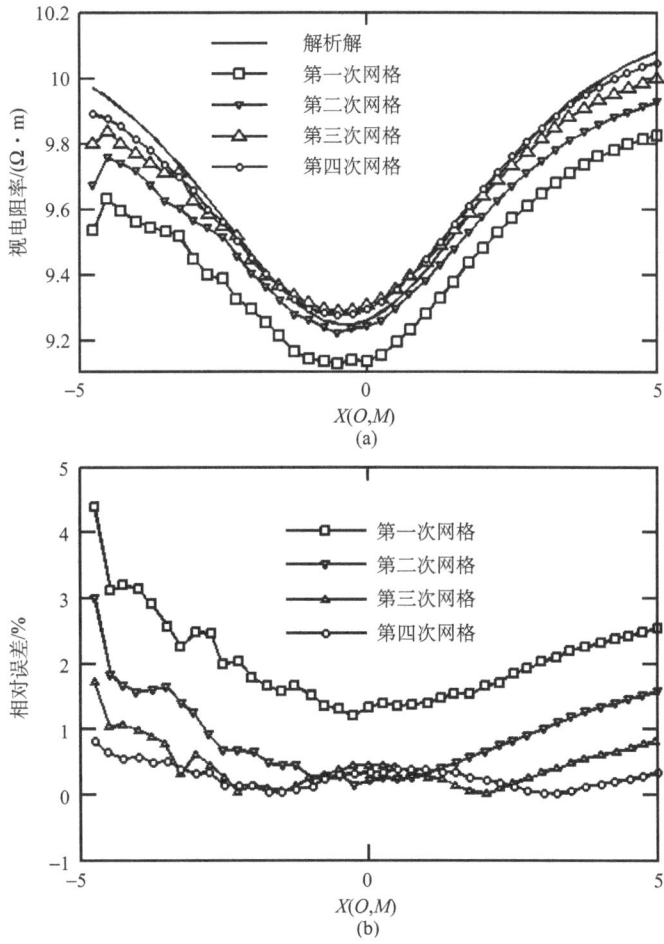

图 3.7 球体模型(见图 3.5)自适应加密网格上的视电阻率曲线(a)和电阻率误差曲线(b)

垂直二层含一立方体模型。Hvoždara 和 Kaikkonen(1994)、Li 和 Spitzer(2002)曾用边界积分方程法对其进行求解。在本章中,为了便于比较,模型参数选择与其一致。如图 3.8 所示,左边地层的电阻率为 $10\Omega \cdot m$,右边地层的电阻率为 $100\Omega \cdot m$,立方体的电阻率为 $10\Omega \cdot m$。Cartesian 坐标系的原点位于地面与垂直面的交线上。立方体的边长为 $a=1m$,$b=2m$ 和 $c=2m$,其分别沿着 x,y,z 坐标轴,

其中心位于 $X_T=0.5a$，埋深为 $H_T=1.5a$。采用 Schlumberger 测深装置，测深线沿 x 轴，电极 A 位于 x_A，电极 B 位于 x_B，保持 $x_B>x_A$，电势中点 x_{OM} 位于 $x_{OM}=1.5a$，极距 U_1 为 0.05m，U_1 的范围为 0.1m 到 100m，28 个测深点。

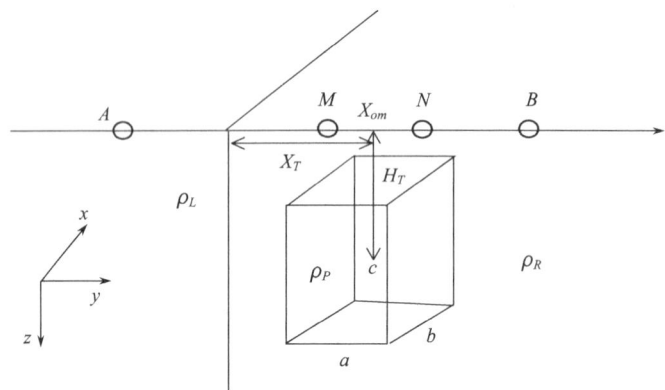

图 3.8　垂直二层含一立方体模型

图 3.9 展示了这一自适应网格局部加密过程。图 3.9(a)为含有 7016 个节点和 38990 个四面体线性单元的起始模型，其平均单元误差指示值为 37.01%；图 3.9(b)

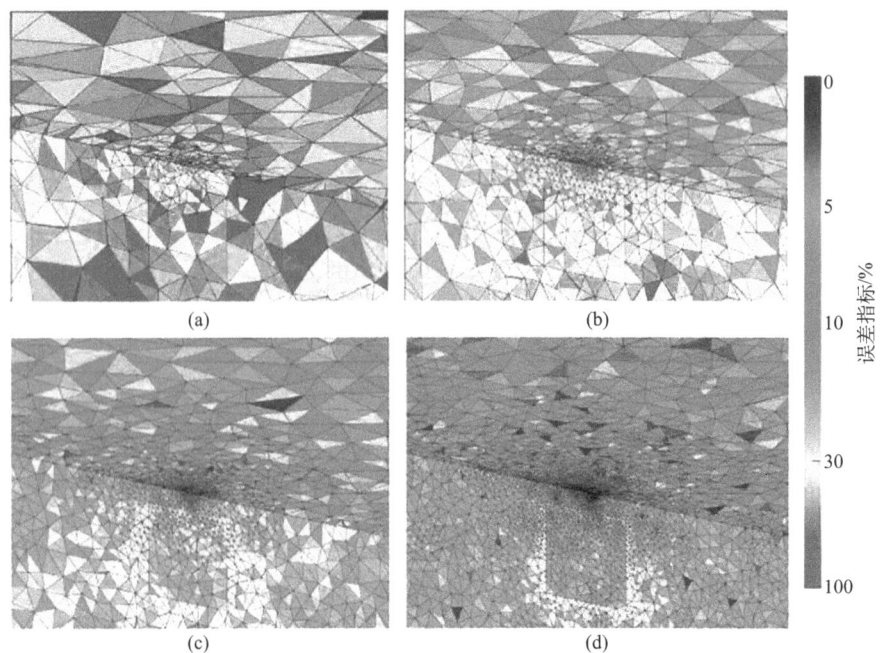

图 3.9　垂直二层含一立方体模型网格自适应加密及单元误差百分比(ε)

为第二步加密网格,含有 21283 个节点和 123013 个四面体线性单元,其平均单元误差指示值为 24.22%;图 3.9(c)为第三步加密网格,含有 58573 个节点和 348047 个四面体线性单元,其平均单元误差指示值为 16.13%;图 3.9(d)为第四步加密网格,含有 167164 个节点和 1014073 个四面体线性单元,其平均单元误差指示值为 10.73%,接近于 10%,自适应过程中止。

我们比较了自适应有限元法的结果和由边界积分方程法(Hvoždara and Kaikkonen,1994))得到的结果,结果表明:自适应有限元法的结果与边界积分方程法(boundary integral method,BIM)的结果有很好的吻合性,第二次局部加密的网格上的数值解精度比第一次粗网格上的精度有大幅度提升,误差渐渐收敛。当 $AB/2$ 的距离增加到 0.5m 时,视电阻率值大幅度减少,这是由于电极 A 已经进入左边的低阻层。随着测深的加大,视电阻率的值缓慢地下降直到 $AB/2$ 的距离增加到 2m,这是由于 $AB/2$ 的距离已经超过立方体的埋深深度,随着测深的加大视电阻率的值慢慢变大。由图 3.10(b)可知,自适应有限元算法能够非常有效地消除奇异现象,特别是在 $AB/2$ 的距离小于 0.2m 时。在点源附近,在第一步网格上的视

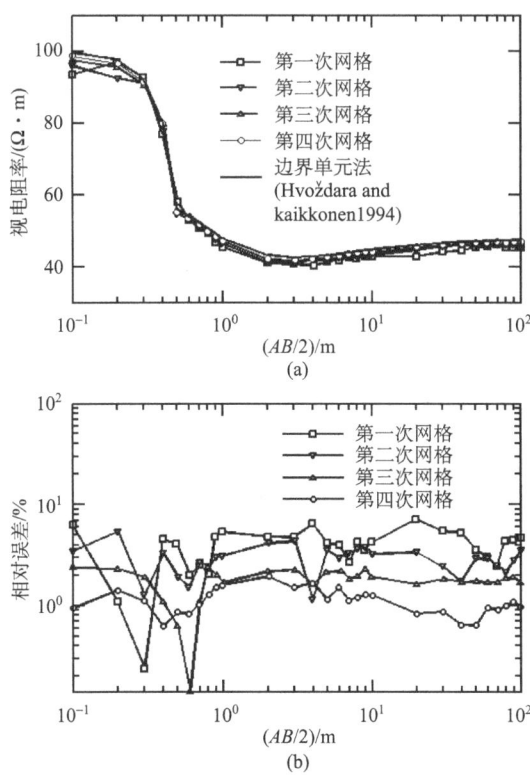

图 3.10 垂直二层含一立方体模型(见图 3.8)自适应加密网格上的视电阻率曲线比较(a)和电阻率误差曲线(b)

电阻率的相对误差超过 4.00%，第四步加密网格的视电阻率相对误差为 1.01%。第一步网格的视电阻率平均相对误差为 4.64%，第四步加密网格视电阻率的相对误差小于 0.97%。这种渐渐收敛的测深视电阻率曲线又一次有力地证明了自适应有限元的可靠性，特别是无解析解的三维复杂模型情况。

3.4.2 2.5D 结果

垂直接触面模型。对于 2.5D 问题，同一个网格剖分需要求解每个波数对应的有限元法方程，通过加权不同波数的解得到物理空间中的电位，所以存在选取哪个波数解来控制网格迭代的问题。因此，我们对比了两种不同的自适应策略，即采用反傅里叶变换前的解、反傅里叶变换后的解来计算后验误差估计。

如图 3.11（彩图）所示，垂直接触面左侧的电阻率为 $\rho_1 = 1\Omega\cdot m$，右侧为 $\rho_2 = 100\Omega\cdot m$，点源位于 $(-5m,0)$ 处，模型尺寸为 $600m\times 300m$。采用二极 (pole-pole) 装置进行测量。测线长 10m，测点间距为 0.25m，最右端测点位于 $(5m,0)$ 处。我们采用如表 3.1 给出的波数。经检验，采用该波数在极距位于 0.25~220m 的区域得到的解与半空间解析解之间的相对误差不超过 0.3%。

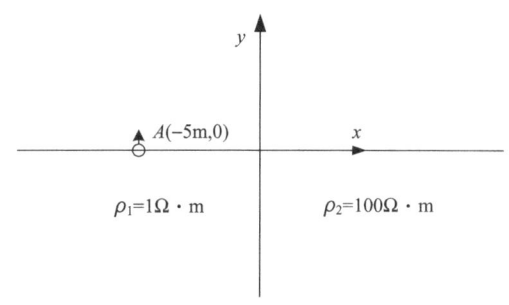

(a) 垂直层状示意图

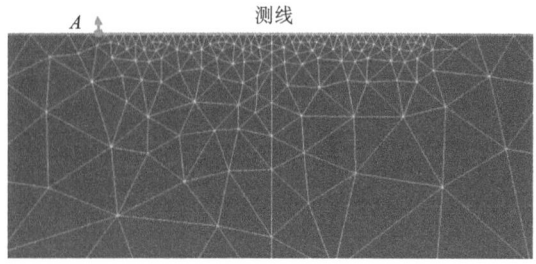

(b) 初始网格剖分

图 3.11 垂直接触面模型

表 3.1 垂直接触面模型所用波数及加权系数

	1	2	3	4	5	6	7
k	0.002361	0.021046	0.080299	0.256923	0.781400	2.314655	7.143845
g	0.004960	0.020677	0.062050	0.184658	0.546720	1.608271	5.476268

首先，我们讨论采用反傅里叶变换前解的策略的计算效率。为了便于说明，我们记 $k1$ 至 $k7$ 分别为采用第 1 至第 7 个波数的解来计算单元误差的自适应策略。由表 3.2 可以看出采用 7 种不同自适应策略均能在有限次迭代后收敛到精确解。自适应策略 $k1$~$k5$ 均在 2 步后收敛，$k6$ 和 $k7$ 均需 3 步后迭代才能终止，且第 2 步到第 3 步的精度提高不大但节点数却增加甚多，由几千增至上万，故 $k6$ 和 $k7$ 策略的效率最差。图 3.12 为测量点的平均相对误差与当前网格的总节点数图示，自适应策略 $k1$~$k3$ 的收敛速度较快，$k4$ 和 $k5$ 次之，$k6$ 在前两步收敛速度较慢，后两步收敛较前两步有所提高但仍没有 $k1$~$k3$ 策略高效，$k7$ 在最后一次迭代中的收敛速率已经很慢，也即当节点数以节点分布达到一定程度后，再增加节点对精度的提高贡献不大。由表 3.1 我们知道 $k1$~$k5$ 对应的都是波数比较小的情况，$k6$ 和 $k7$ 对应的为波数比较大的情形。通过对比表明 Z-Z 方法对波数较大的解作为误差估计的情况的效率不高；$k1$~$k5$ 策略无论从减少误差的角度还是收敛的角度均比后两种策略要好。另外，由各个策略的耗时情况可得，书中所采用的求解器可以快速地求解大型方程组，如在 $k7$ 策略中，总耗时仅为 16s，求解效率得以彰显。综合效率和精度的考虑，我们认为 $k1$ 应为最高效的策略。

表 3.2 垂直接触面模型不同自适应策略效率对比（表内内容格式为节点个数/相对误差）

	$k1$	$k2$	$k3$	$k4$	$k5$	$k6$	$k7$
初始网格	267/1.9%	267/1.9%	267/1.9%	267/1.9%	267/1.9%	267/1.9%	267/1.9%
1st mesh	2910/0.1%	3555/0.1%	3951/0.01%	3676/0.3%	4842/0.3%	3722/0.4%	4097/0.4%
2nd mesh	—	—	—	—	—	14653/0.2%	30640/0.2%
总耗时/s	0.9	1.2	1.24	1.12	1.58	6.95	15.8

相同情况下，即用傅里叶变换前第一个波数解的策略为 AP1，采用傅里叶变换后解的策略为 AP2，这两种策略的流程如图 3.13 所示。由图 3.14(a) 和图 3.14(b) 可以看出两种自适应策略均在两步后迭代终止。而且最后迭代的相对误差均减小到 1% 以下。AP1 和 AP2 策略中初始网格的最大误差均位于离点源最近的测点上，相对误差可以达到 15.3%，随着测点距离点源越远电阻率的相对误差保持在 2% 以内。由此可以看出，虽然初始网格的误差较大，但从其变化规律来看采用 Delaunay 网格剖分确实可以较好地控制网格的质量，以使得在初始网格（节点数为 267）上

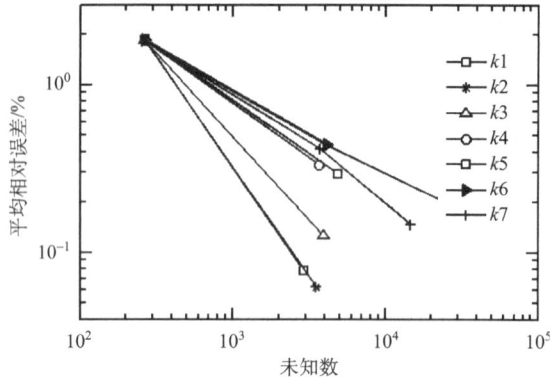

图 3.12 不同自适应策略收敛对比

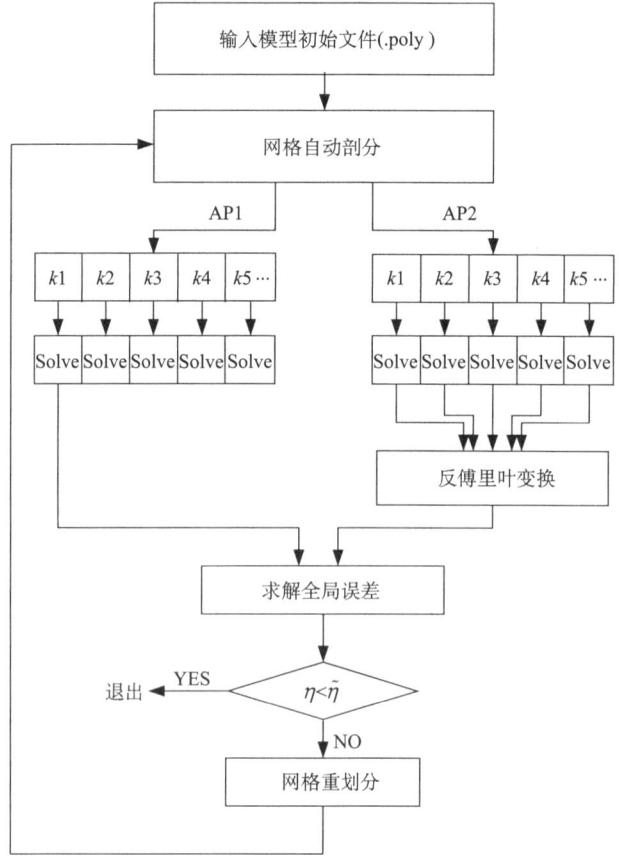

图 3.13 AP1 和 AP2 自适应流程图

就可以获得合理的结果。AP1 策略在迭代一次后离点源最近测点的相对误差已降至 0.63%，这是由于网格的局部加密极大地消除了点源奇异性。另外，其他测点上的相对误差也都降到了 0.5%，相比 AP1 策略，AP2 策略在自适应迭代一次后(节点数：3122)离点源最近处的相对误差降低较快，为 0.43%。其他测点的相对误差略高于 AP1 策略中相应测点上误差，AP2 策略中总测点数平均相对误差在网格迭代一次后变为 0.37%，相比 AP1 的平均相对误差略高。

综上讨论，我们将 AP1(最小的波数)作为本小节的最优化自适应策略。

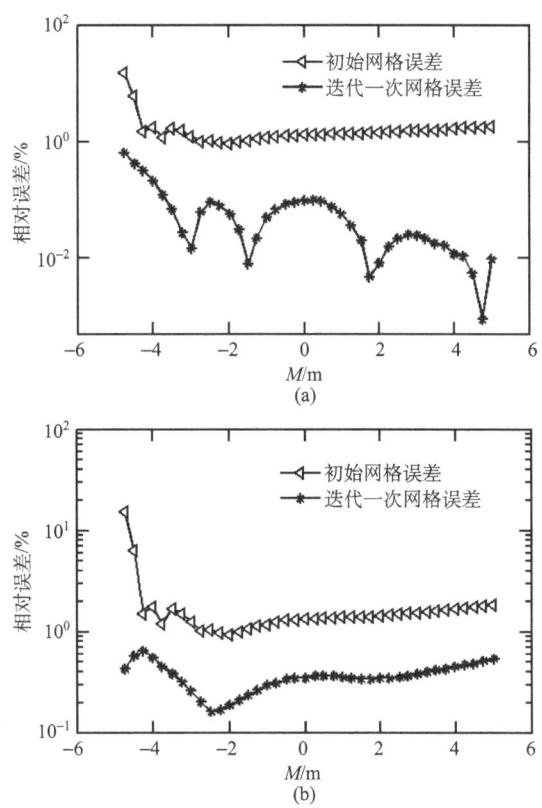

图 3.14　AP1(a) 和 AP2(b) 自适应策略下视电阻率相对误差

单个 2D 异常体模型。如图 3.15(a)所示。异常体断面尺寸为 4m×2m；异常体和背景电阻率的比值为 $\rho_1/\rho_0 = 0.005$。采用偶极-偶极(dipole-dipole)装置进行测量，共布置电极 13 个，电极间距为 1m，隔离系数从 1 变化到 6。与图 3.11 模型中采用单点源供电不同，本模型中存在两个供电电极，为了提高反傅里叶变换的精度，我们采用 Pidlisecky 和 Knight 提供的双点源下的最优化波数(Pidlisecky and Knight，2008)求得适合极距在 0.5~180m 的波数和加权系数，如表 3.3 所示。

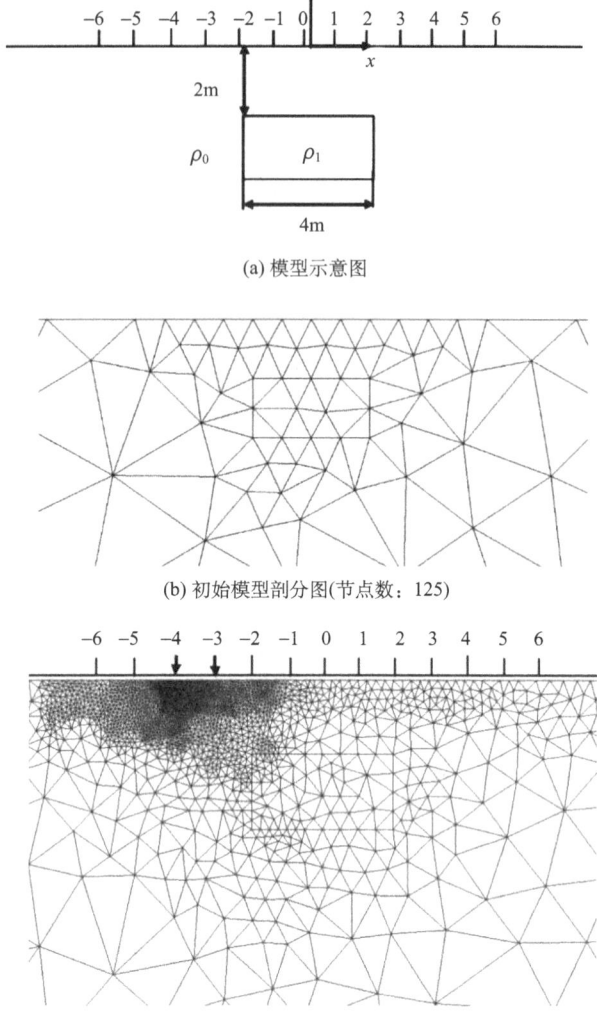

(a) 模型示意图

(b) 初始模型剖分图(节点数：125)

(c) 自适应迭代一次网格剖分图(节点数：2429)

图 3.15 均匀半空间赋存单个 2D 异常体模型

表 3.3 单个 2D 异常体模型采用的离散波数和加权系数

	1	2	3	4	5	6	7	8
k	0.0063456	0.0319037	0.0937874	0.2497689	0.6621694	1.7170769	4.5024412	13.492994
g	0.0097474	0.0246189	0.0596624	0.1551616	0.4073874	1.0330550	2.8777085	11.1170907

由于采用混合边界条件，每移动一次点电源，需重新计算。为了提高计算效率，我们采用以下策略：每移动一次点电源，计算一条剖面。这样我们只需移动

10次点源。由计算结果得知，除了双点源位于(-6m,0m)和(-5m,0m)时自适应需迭代2次后中止，其他9次移动均只需迭代一次后算法即可终止。

初始模型有限元解和最后一次迭代有限元解见图3.16(a)和3.16(b)。由于没有解析解，我们对比了Snyder采用积分方程法的计算结果[图3.16(c)所示](Snyder，1976)。图3.16(a)为初始模型剖分的有限元结果，数值结果显示大

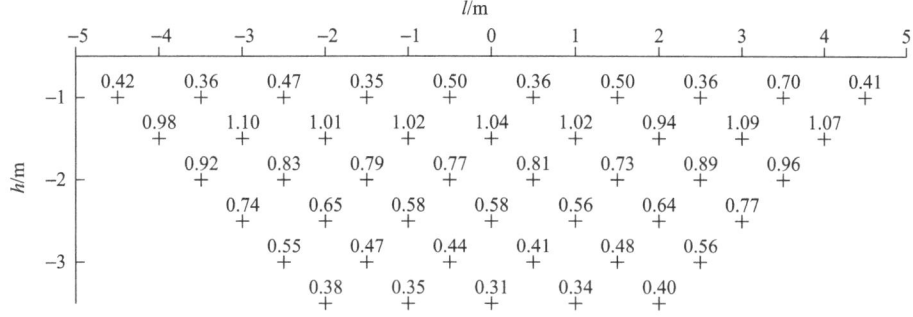

(a) 初始网格结果

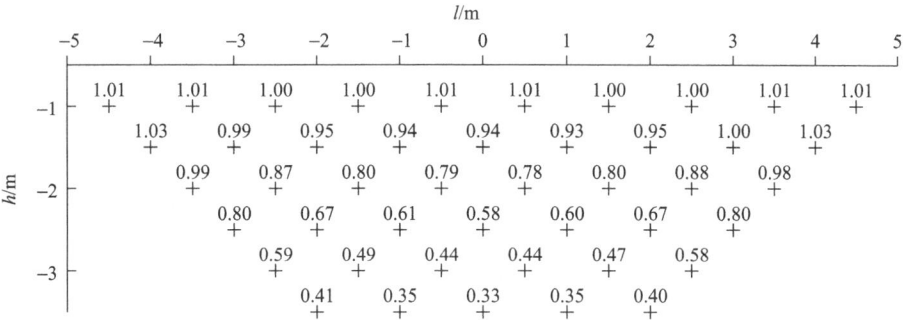

(b) 自适应迭代一次结果

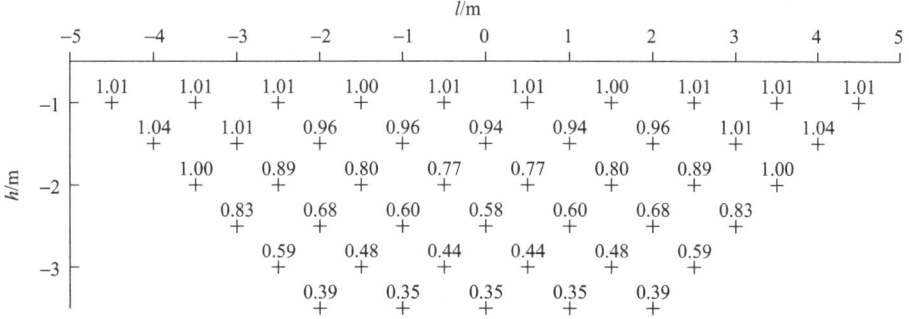

(c) 积分方程结果(Snyder,1976)

图3.16 偶极-偶极视电阻率对比结果(ρ_s/ρ_0)

部分测量点上的视电阻率对背景场的比值均与积分方程法所得结果相差很大，平均相对误差可达到 16.25%。相比之下，网格经自适应迭代加密后，所有测点的平均相对误差均已降至 1.20%以下，最大相对误差不超过 5.8%，计算总耗时约为 12s，从而证明了自适应算法的高效性。另外，根据互易定理可知，计算结果应具有对称性。但从最后结果来看，个别点上存在不对称性。这种结果可以解释为非结构化剖分的影响，与对称结构化网格剖分相比，非结构化剖分会产生不规则的误差。

层状模型。本小节中，我们对层状模型求解中所遇到的精度问题进行讨论和分析。提出当前通用计算波数在求解层状问题中存在的不足，并给出求解新波数的算法。为便于说明，模型选取水平两层大地介质（为背景）。通过与解析解或其他方法的对比发现，采用通用波数计算得到的结果与上两种方法相差较大，新波数计算的结果则吻合较好，从而证明了本算法的有效性。

(1) 高电阻率对比两层水平大地模型。为与下述模型对比，首先模拟上层为高阻的水平两层大地模型。模型尺寸为 600m×300m，层厚 10m，上层电阻率为 100Ω·m，下层为 1Ω·m。模型采用二极装置进行测量，点源位于坐标系原点，位于地表的测线长度从-160m 延至 160m，测点间距为 8m。模型所用波数如表 3.1 所示。该模型采用自适应算法进行计算，自适应迭代一次后终止，计算的视电阻率与解析解的误差如图 3.17(a)所示，从该图中可以看到，初始网格下视电阻率与

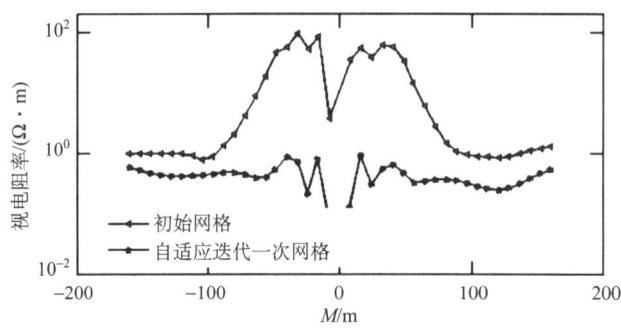

(a) 不同迭代生成的网格上视电阻率误差

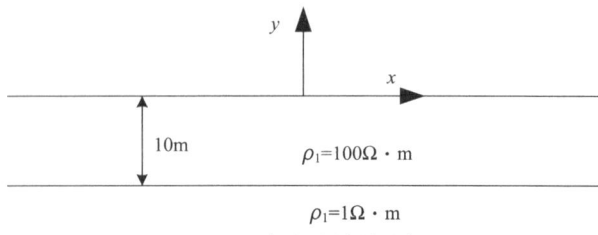

(b) 水平两层大地示意图

图 3.17　水平两层模型

解析解误差较大，最大误差位于点源附近测点上可达 50%。随后误差逐渐衰减，最后降至 1%左右并趋于稳定。自适应迭代一次后，点源附近测点的视电阻率相对误差已降至 1.0%以下，其他所有测点上的视电阻率相对误差均降到 0.8%以内。视电阻率与解析解的一致性证明了计算所得波数的正确性。

改进的最优化波数算法。采用上述波数，模拟了上层为低阻的水平两层大地模型，见图 3.18。其中模型尺寸仍为 600m×300m，层厚仍为 10m，上层的电阻率为 $\rho_1=1\Omega\cdot m$，下层电阻率为 $\rho_2=100\Omega\cdot m$，测点仍位于坐标原点，地表的测线长度从–160m 延至 160m，点距为 8m。为节省篇幅，在此仅给出最后一次迭代生成网格上的视电阻率与解析解的对比，如图 3.18(a)所示。从图上可以看出，计算所得视电阻率与解析解相比误差较大，且距离点源越远也即距离边界越近时误差越大，两边最远处测点上的误差可达 26.4%。为确保该误差并非错误地计算波数所致，我们用当前国内比较通用的一组波数(阮百尧)重新进行计算。经我们验证，该组波数在极距位于 2~160m 内与均匀半空间解析解的相对误差不超过 0.5%。

如图 3.18(a)所示，采用常用波数求解的视电阻率结果与本书中采用的波数计算结果一致，但均与解析解相差较大。这就说明采用均匀半空间为背景计算得到的波数在求解高电导率对比模型的情况下存在不足。经分析，我们认为产生这个问题的因素有两个。其一，边界条件。这个因素可以追溯到3D模拟进行说明。

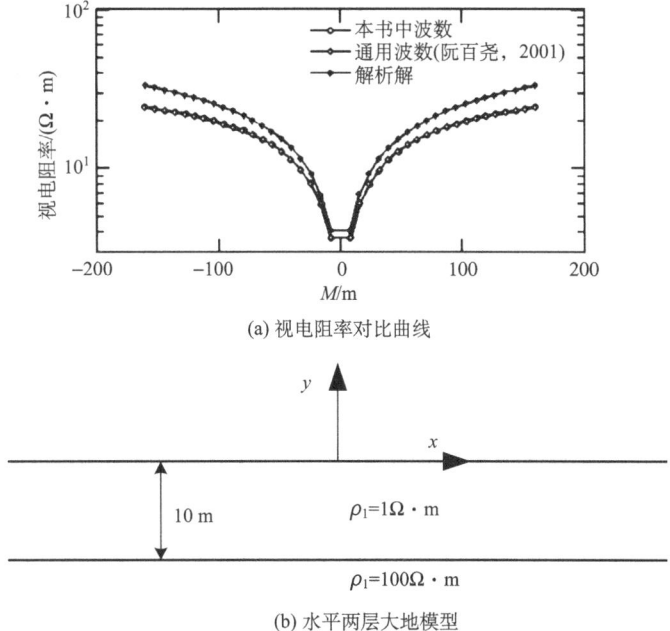

(a) 视电阻率对比曲线

(b) 水平两层大地模型

图 3.18　低电阻率对比水平两层大地

众所周知，3D 模拟中边界条件对精度影响较大，且用于提高精度的混合边界条件也是在假设局部异常体距离边界足够时推导得到。因此，这种假设在求解层状问题时必会过分加重或过分削弱边界条件对精度的影响，从而使得模拟精度降低。而所谓的 2.5D 问题是在 3D 问题上推导而来，故 3D 模拟层状的问题在 2.5D 模拟中也必定会出现。其二，波数的选取。当测量电极位于点源附近时，这种情况可以近似地认为背景场为均匀半空间，故此时采用均匀半空间为背景计算的波数所得结果的误差要相对较小。随着极距越来越远，下层介质的影响会逐渐加大，这种情况下若仍以均匀半空间为背景计算波数，势必会带来很大的误差。

基于以上分析，我们提出一种改进的最优化波数算法。在该改进的算法当中，我们不再选取均匀半空间为背景计算离散波数。为了同时考虑到界面积累电荷的影响，算法中采用层状模型为计算背景，这是因为，此时"无限大"介质分界面上积累电荷的影响是不可忽略的。

以两层介质为例（其余情况类似，图 3.19），先将层状模型的解析表达式来代替均匀半空间情况：

$$U(x,y,z) = \frac{I\rho_1}{2\pi}[\frac{1}{R} + \sum_{n=1}^{\infty}\frac{k_{12}^n}{\sqrt{(x^2+y^2)+(2nh-z)^2}} + \sum_{n=1}^{\infty}\frac{k_{12}^n}{\sqrt{(x^2+y^2)+(2nh+z)^2}}]$$

其中，$k_{12} = \frac{\rho_2 - \rho_1}{\rho_2 + \rho_1}$，$R = (x^2 + y^2 + x^2)^{1/2}$。

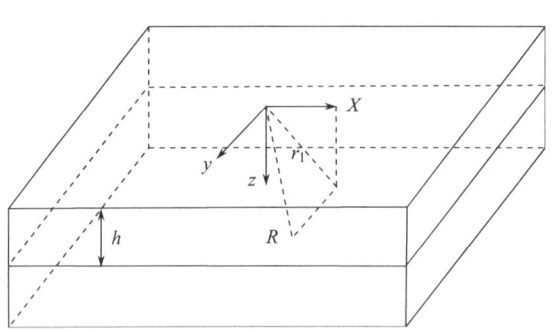

图 3.19 两层介质模型

在此基础上按照求解最优化波数的算法计算改进的离散波数。设定感兴趣的极距范围仍为 0.25~220m，计算得到的波数如表 3.4 所示。为保证精度，在层状模型为背景下重新推导了混合边界条件。为便于描述，称采用层状波数和层状边界条件的计算方法为改进算法。通过与解析解的对比，本书中提出的改进算法的精度得到验证，结果如图 3.20 所示。由图可以看到，改进算法求得的视电阻率与解析解吻合较好，最大误差不超过 7%，证明了本算法的正确性。

表 3.4 改进的最优化波数

	1	2	3	4	5	6	7
k	0.001492	0.017401	0.074812	0.271679	0.904260	2.758616	8.141344
g	0.003600	0.018719	0.063285	0.216519	0.664514	1.900609	5.845666

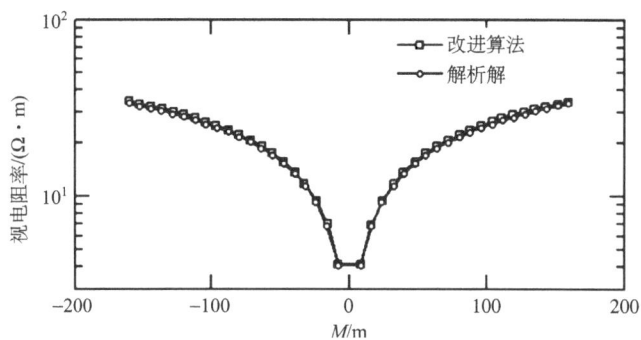

图 3.20 改进算法得到的视电阻率与解析解对比曲线

(2) 不均匀体赋存下两层水平大地模型。在上述讨论的基础上，本节采用改进算法对层状背景下赋存局部异常体的模型进行模拟。模型尺寸大小为 600m×300m，上层电阻率为 $\rho_1=1\Omega\cdot m$，下层电阻率为 $\rho_2=100\Omega\cdot m$，层厚为 10m，局部异常体位于上层介质当中，大小为 3m×8m，电阻率为 $\rho_3=100\Omega\cdot m$。测量采用二极装置，点源位于–15m 处，测线长度为–20~20m。由于这种模型没有解析解，我们编制了二次场求解算法作为参考解。与传统的二次场算法中采用均匀半空间的解作为一次场不同，我们采用水平两层模型的解作为一次场，从而避免了边界条件以及波数计算对精度的影响。这种思想已由国外学者 Li 和 Spitzer(2002)在求解 3D 稳定电流场问题中讨论过，并证明了采用这种算法得到的解要比传统二次场算法高。为便于表述我们将本书中提出的异常电位求解算法称为改进的二次场算法。

基于此，我们对比了分别采用如表 3.1 所示的均匀半空间波数、改进波数求解算法以及本书中提出的改进二次场算法所得到的视电阻率，结果如图 3.21(a) 所示。由图 3.21(a) 可以看到，均匀半空间波数的视电阻率曲线与其他两种算法得到的视电阻率曲线相差较大，最大误差 15.9%出现在最右端的测点上。相比之下，改进算法的结果与二次场结果吻合较好，最大误差不超过 1.9%，从而验证了本算法的有效性。

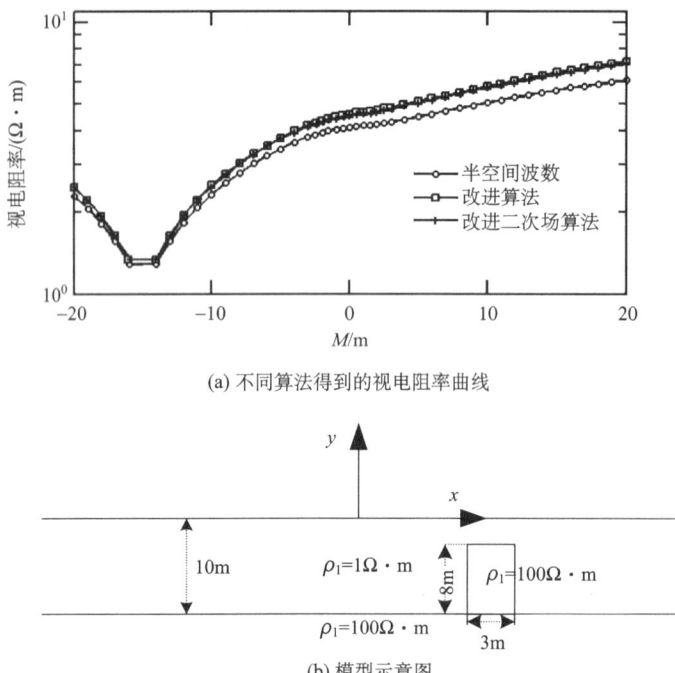

图 3.21 两层水平大地模型

通过对比以及分析误差来源，本书提出了一种改进的最优化波数求解策略。改进的算法中考虑了层的厚度对边界条件加载的影响。通过与改进的二次场算法结果相比验证了本算法的可靠性。

3.4.3 自适应加密与带地形复杂模型

复杂地形下赋存异常体模型。为证明本算法在处理复杂不规则模型时所具有的优势，我们模拟了复杂山脊地形下蕴藏局部异常体的模型，如图 3.22(a) 所示。其中，均匀背景（复杂山脊地形）场的电阻率为 $\rho_1 = 200\Omega\cdot m$，局部良导体的电阻率为 $\rho_1 = 5\Omega\cdot m$，尺寸为 $4m \times 1m$，顶部埋深距离地形表面为 1m。本模型采用偶极-偶极装置测量，共布置电极 21 个，水平距离为 $-10 \sim 10m$。供电电极的水平距离均为 1m。隔离系数的变化范围为 $1 \sim 12$。我们采用上一模型中的求解策略计算整个视电阻率断面。本模型所采用的波数和加权系数与上个模型相同。

首先分析纯地形下的视电阻率异常。通过结果输出文件可知，点源每移动一次，自适应算法均迭代一次后终止。由于本算法的正确性已经证明，为节省篇幅，在此仅给出最后网格的有限元计算结果。由图 3.22(a) 所示，偶极测量下不规则山脊地形引起一个高于背景场的高阻异常两边伴有对称的低阻异常，这个结果与

Fox(1980)等人在讨论偶极装置测量下地形的影响所得结论相似；当赋存异常体时，每次移动点源仍只需迭代一次即可终止，最后迭代的网格结果形成的拟断面图如3.22(b)所示。从图中可以看到，此时的总体异常呈较规则的对称性分布，中心为高于背景电阻率的高阻异常，两边伴有低阻异常并呈八字形分布，地表附近异常分布较杂乱。采用地形改正的数据如图3.22(c)所示。经地形改正后可以看到，在异常体的两侧呈现对称的半封闭八字形曲线，中间为低于背景场电阻率的低阻异常，符合水平良导体的特征异常。

为了更直观地看到本算法采用的非结构化三角网格剖分的优势，给出了点源水平位置位于−9m和−8m时的自适应网格剖分图，如图3.23所示。由图可以看出，在采用非结构化网格剖分后，初始网格就已较好地拟合了复杂地形的起伏。通过后验误差估计判断并预测下一次网格中单元的尺寸大小，点源等处的单元被自动

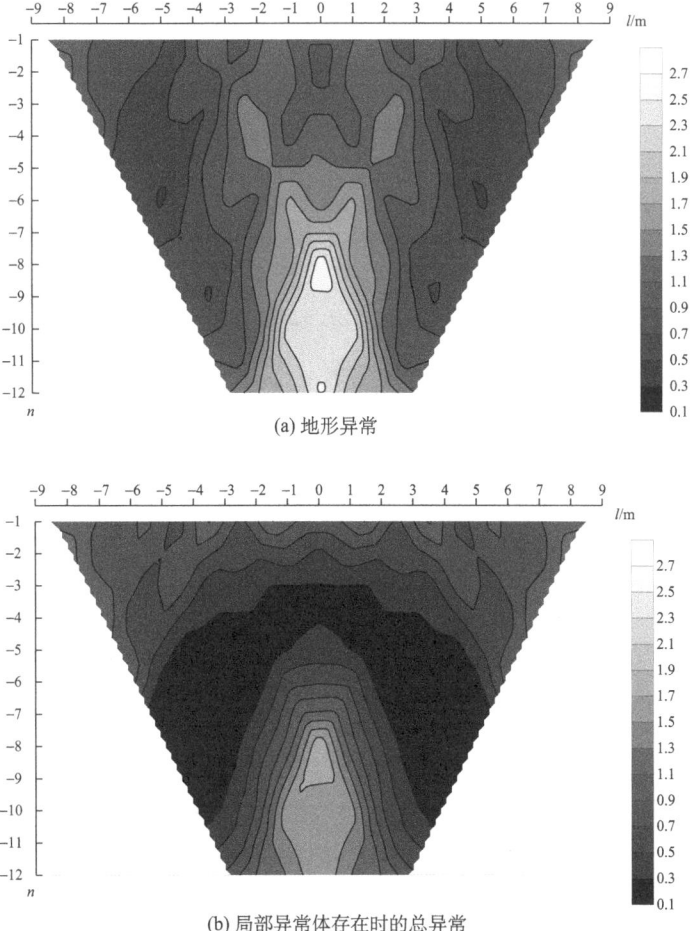

(a) 地形异常

(b) 局部异常体存在时的总异常

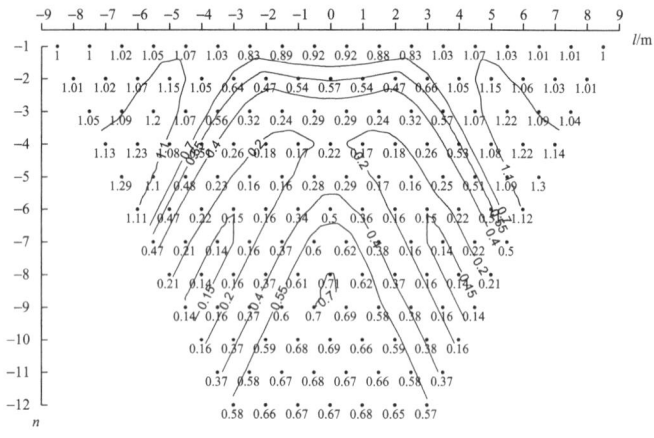

(c) 地形改正后的总异常

图 3.22 地形影响下的视电阻率异常拟断面图 (ρ_S/ρ_0)

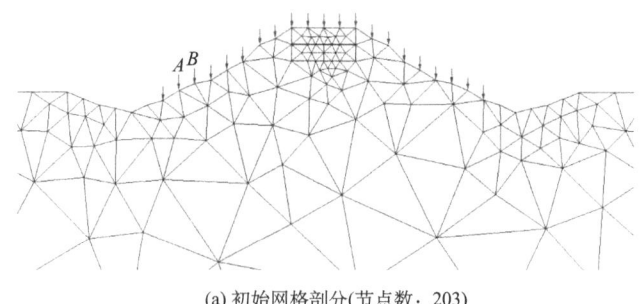

(a) 初始网格剖分(节点数：203)

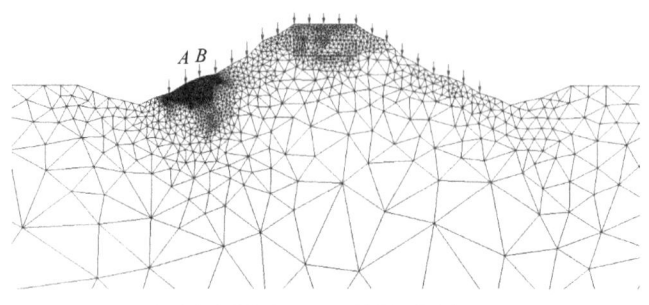

(b) 自适应迭代终止时的网格剖分(节点数：1983)

图 3.23 点源位于图上所示时的自适应网格剖分

加密，奇异性被消除，提高了计算的可信度。除点源和地形表面外，模型其他区域的节点数并未大幅度增加，避免了对精度影响不大的节点的生成，在提高计算精度的同时又提高了计算速度。整个算法中双点源移动 18 次计算总耗时约为 30s。

云南某矿区复杂实例。对云南某矿区已知矿藏分布进行了模拟实验。图 3.24(a)为简化的地球物理模型，地面不规则起伏。该地区赋存两个体积较大的异常体，其中较大的异常体长为500m，宽为100m，倾角约为50°，两异常体电阻率均为100Ω·m。背景场电阻率为1000Ω·m。我们采用ABMN装置测量该区域的激电响应，MN的移动间隔为20m，点源A的横坐标为0m，点源B的横坐标为640m，模型所需波数如表3.5所示。两矿体的激电常数均为9%，背景的激电常数为3%，模型为低阻高极化模型。自适应初始网格如图3.24(c)所示。由图可见，非结构化三角网格剖分能够很好地模拟地形的起伏。自适应迭代一次终止，计算总耗时小于2s，网格剖分如图3.24(d)所示。如图所示，点源及异常体边界区域附近网格均进行了一定程度的加密，而其他区域节点的密度变化不大。图3.24(b)为计算的模型激电响应曲线。由曲线可以看出存在两个异常起伏，由曲线的变化趋势可以定性分析出矿体的倾向与模型一致。因此，对本模型的模拟显示了本算法在计算复杂模型上的优势。

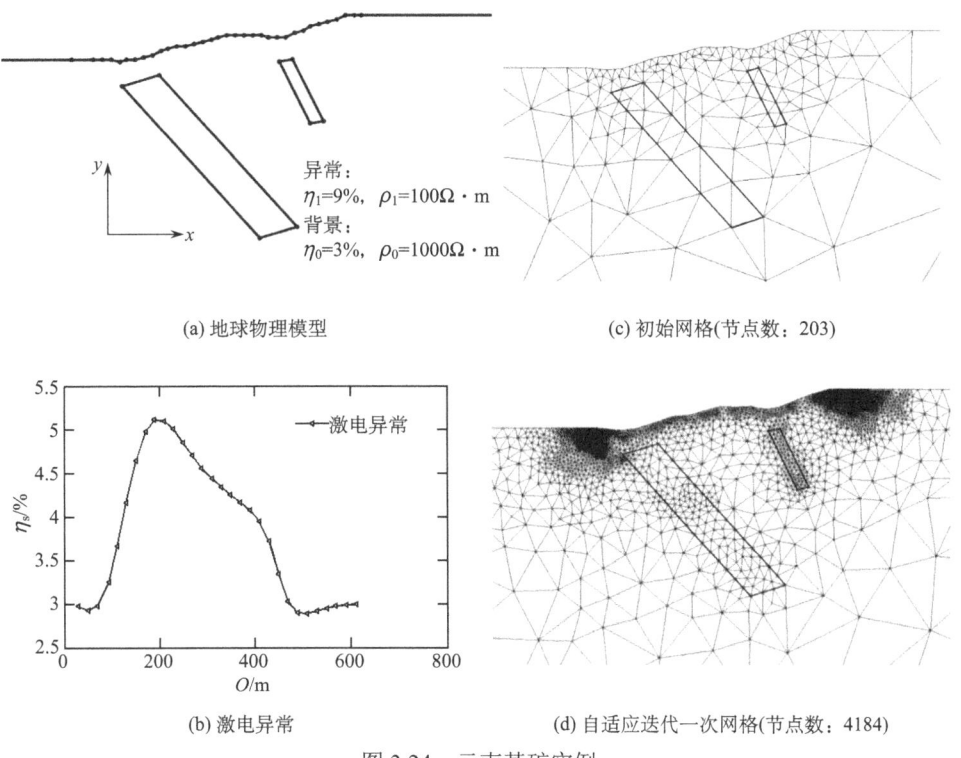

图 3.24 云南某矿实例

表 3.5 云南某矿实例所用波数及加权系数

	1	2	3	4	5	6	7
k	0.00092	0.008465	0.034923	0.126753	0.448274	1.596643	5.911786
g	0.001942	0.00858	0.029424	0.102075	0.361566	1.297242	5.180209

3.5 本章小结

本章中，我们重点阐述了一种全新的自适应有限元法，用来模拟三维复杂几何结构的直流电阻率模型。借助于 Z-Z 后验误差估计算法和上一章提出的高质量非结构化网格剖分技术，我们最终得到与复杂未知场相互匹配的最优化有限元网格，在电源点附近电位剧烈变化的地方生成密实的有限元网格，在观测线（空气-地下分界面）等电导率高对比的地方生成合适的有限元网格，在远离电源的区域生成稀疏的网格。该技术最终在有效消除电源奇异性、提高观测点处的有限元电位数值解精度的同时，还有效地减少了有限元网格个数、提高了计算效率。借助于自适应加密算法，我们实现了带任意起伏地形、复杂地电模型的高精度计算，从而为解释复杂地区的直流电数据提供了保证。

但是，我们还需要指出，本节提出的自适应有限元法还存在进一步提高效率的可能。简单来说，直流电法观测（对于任意地球物理观测也成立）往往更关心观测点处的精度，因此，是否存在新的算法，能够在观测点附近获得更高精度，并进一步大幅降低总体的单元个数，从而大幅度提高计算速度。另外，数学理论告诉我们，直流电法满足的椭圆方程的最优化的理论求解器为多重网格求解器，因此开发简单、高效率的直流电法多重网格求解器也具有非常重要的意义。以上两个遗留问题将在下面的章节进行讨论和分析。

第4章 外推瀑布式多网格有限元法

尽管有限元法在直流电法数值模拟中取得了长足的发展，但依然存在问题。由于地球物理勘探所涉及的研究区域具有无界性，因此实际模拟计算中必须把无界区域截断为有界区域。为了减小计算误差，一方面，往往要求截断区域足够大；另一方面，点电源附近函数具有奇异性，要求有限元网格足够密。均匀网格剖分势必会大大增加有限元法的计算量与存储量。陈小斌与胡文宝1999年基于源点附近局部加密网格，利用有限元直接迭代算法求解线源频率域大地电磁正演问题，揭示了自适应有限元中单元大小及密度不均匀分布的优点。2007年以来，汤井田等采用非结构化网格的自适应有限元，通过加密奇异点(点电源)处网格密度以减小有限元的计算误差，提高了有限元的正演速度。尽管目前比较热门的自适应有限元，在提高点电源或异常地质体等附近的精度、减小计算量方面取得了较大的成果，但由于其网格结构的任意性破坏了FEM方法固有的超收敛结构，提高了局部精度的同时却降低了有限元法的整体收敛性。

多重网格法(MultiGrid，简称MG)是20世纪60年代初苏联计算数学家Fedorenko基于差分法提出的，现已成为快速求解大规模科学工程计算问题最有效的方法之一，在计算地球物理领域亦渐渐得到关注。通常几何多网格法所需的粗网格难以模拟地下复杂电性差异，为解决此问题，Moucha等(2004)提出一种电导率的6参数化表示法，并给出基于9点差分格式的多重网格法，求解二维直流电法正演问题(Moucha and Bailey，2004；Mulder，2006)。Mulder(2008)基于有限积分法，研究了三维电磁扩散问题的多重网格法；鲁晶津等(2010)采用二次场方案，提出直流电阻率三维正演的代数多重网格方法；汤井田等(2010)提出三维直流电法正演的自适应多网格有限元方法；柳建新等(2011)基于多网格法，研究了大地电磁正演模型的边界截取问题。

数学上已严格证明：多重网格方法求解线性椭圆型偏微分方程具有最优性，即其计算量仅与未知数的一次方成正比。然而，经典的多网格法采用插值、限制和迭代三种操作，需要在粗细网格之间反复迭代求解，程序实现相对比较困难。德国学者Bornemann提出瀑布式多网格法(Cascadic MultiGrid，简称CMG)，该方法是一种从粗网到细网的单向计算，只采用了插值和迭代两种运算，没有粗网格上的修正，算法实现非常简单。2008年，计算数学专家陈传淼教授基于有限元误差渐近展开及Richardson外推技术，提出外推瀑布式多网格法(Extrapolation

Cascadic MultiGrid，简称 EXCMG）。该方法沿用 CMG 的思想，但将构造下层密网格初值的"线性插值"改为"外推+二次插值"，能为密网格提供更好的迭代初值，对加速收敛起了关键作用(Chen et al., 2008, 2009, 2011)。图 4.1 给出了 4 层嵌套网格下，EXCMG 法与 CMG、经典多重网格法的结构比较。近年来，我们（潘克家等，2012；Pan and Tang，2014；Pan et al.，2017b)对 EXCMG 法进行改进，进一步提高了该方法的计算效率，并将其推广到三维情形，成功应用到直流电法 2.5D 和 3D 正演中。

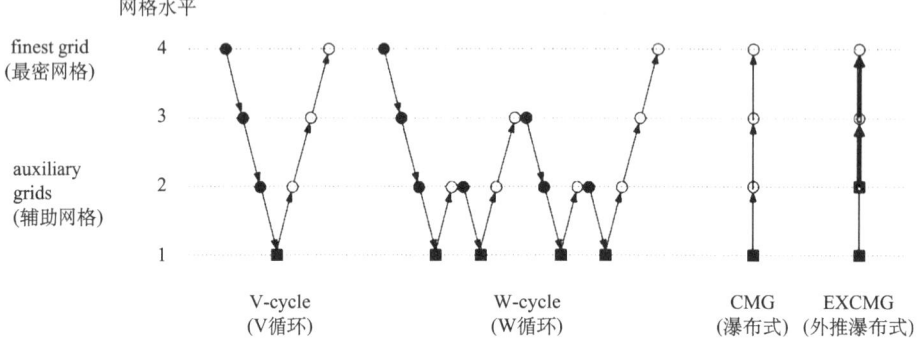

图 4.1 EXCMG 方法与经典多网格法、CMG 的比较：•表示前磨光，°表示后磨光，↑表示延拓(通常为线性插值)，↓表示限制，⇑表示外推和二次插值，■表示直接求解

4.1 外推瀑布式多网格法

4.1.1 Richardson 外推

考虑如图 4.2 所示的一维三层嵌套网格 Z_i，步长为 $h_i = h_0 / 2^i, i = 0,1,2$，相应的线性有限元解为 U^i。Z_0 的单元 $I_j = (x_j, x_{j+1})$ 逐次加密成为 Z_1, Z_2 的单元，增加了一个中点和两个四分点，组成如图 4.2 所示 5 点集合。

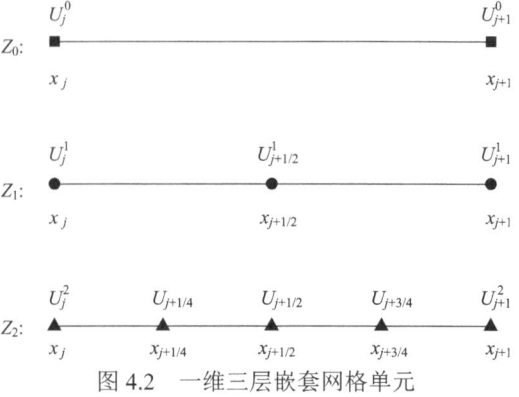

图 4.2 一维三层嵌套网格单元

$$\{x_j, x_{j+1/4}, x_{j+1/2}, x_{j+3/4}, x_{j+1}\}$$

已知粗网 Z_0 和 Z_1 上两组有限元解：

$$Z_0: \{U_j^0, U_{j+1}^0\}; \qquad Z_1: \{U_j^1, U_{j+1/2}^1, U_{j+1}^1\}$$

对拟一致网格，可以证明：椭圆边值问题线性有限元解 U^i 有如下误差渐近展开式：

$$e^i(x_j) = U^j - u(x_j) = A(x_j)h_i^2 + O(h_i^4) \tag{4.1}$$

其中，函数 u 为精确解，$A(x)$ 为与步长 h_i 无关的适当光滑函数。

1. 真解外推

首先考虑如何利用已知的这 5 个节点值 $\{U_j^0, U_{j+1}^0, U_j^1, U_{j+1/2}^1, U_{j+1}^1\}$，构造 Z_1 网格上更高精度的逼近值(逼近真解)。

假设利用两层网格上有限元解的线性组合逼近真解 u，即：

$$cU_k^0 + (1-c)U_k^1 = u(x_k) + O(h_1^4), \quad k = j, j+1 \tag{4.2}$$

将式(4.1)代入式(4.2)可得

$$cU_k^0 + (1-c)U_k^1 = u(x_k) - A(x_k)(ch_0^2 + (1-c)h_1^2) + O(h_0^4) \tag{4.3}$$

由式(4.3)知 $c = -1/3$。因此，

$$\tilde{U}_k^1 = \frac{4U_k^1 - U_k^0}{3} = u(x_k) + O(h_0^4), \quad k = j, j+1 \tag{4.4}$$

利用线性插值误差公式，类似可得逼近中点 $x_{j+1/2}$ 处真解的外推公式：

$$\tilde{U}_{j+1/2}^1 = U_{j+1/2}^1 + \frac{U_j^1 - U_j^0 + U_{j+1}^1 - U_{j+1}^0}{6} = u(x_{j+1/2}) + O(h_1^4) \tag{4.5}$$

2. 有限元解外推

下面阐述如何利用这 5 个值，构造密网 Z_2 上有限元解 U^2 的高精度逼近 $\tilde{U}^2$（逼近有限元解）。

利用 U_k^0 和 U_k^1 的线性组合，逼近下层网格 Z_2 上的有限元解 U_k^2，即

$$cU_k^1 + (1-c)U_k^0 = U_k^2 + O(h_0^4), \quad k = j, j+1 \tag{4.6}$$

将渐近误差展开式(4.1)代入式(4.6)，得 $c = 5/4$。由此得到逼近有限元解 U^2 的节点外推公式：

$$\tilde{U}_k^2 = \frac{5U_k^1 - U_k^0}{4} = U_k^2 + O(h_0^4), \quad k = j, j+1 \tag{4.7}$$

为推导中点 $x_{j+1/2}$ 处的外推公式，利用式(4.1)易得

$$U_k^1 - U_k^0 = -\frac{3}{4}A(x_k)h_0^2 + O(h_0^4), \quad k = j, j+1 \tag{4.8}$$

以及

$$U_{j+1/2}^2 - U_{j+1/2}^1 = -\frac{3}{16}A(x_{j+1/2})h_0^2 + O(h_0^4) \tag{4.9}$$

由线性插值理论，$A(x_{j+1/2})$ 可表示为

$$A(x_{j+1/2}) = \frac{1}{2}(A(x_j) + A(x_{j+1})) + O(h_0^2) \tag{4.10}$$

将式(4.8)与式(4.10)代入式(4.9)，即可得中点外推公式：

$$\tilde{U}_{j+1/2}^2 = U_{j+1/2}^1 + \frac{1}{8}[(U^1-U^0)_j + (U^1-U^0)_{j+1}] = U_{j+1/2}^2 + O(h_0^4) \tag{4.11}$$

一旦得到 $\tilde{U}_j^2, \tilde{U}_{j+1/2}^2, \tilde{U}_{j+1}^2$ 三个高精度初值，可构造二次插值多项式，计算 Z_2 网格其余两个四分点 $x_{j+1/4}$ 和 $x_{j+3/4}$ 上的初值，即

$$\begin{aligned}\tilde{U}_{j+1/4}^2 &= \frac{1}{8}(3\tilde{U}_j^2 + 6\tilde{U}_{j+1/2}^2 - \tilde{U}_{j+1}^2) \\ &= \frac{1}{16}[(9U_j^1 + 12U_{j+1/2}^1 - U_{j+1}^1) - (3U_j^0 + U_{j+1}^0)]\end{aligned} \tag{4.12}$$

类似地，

$$\begin{aligned}\tilde{U}_{j+3/4}^2 &= \frac{1}{8}(3\tilde{U}_{j+1}^2 + 6\tilde{U}_{j+1/2}^2 - \tilde{U}_j^2) \\ &= \frac{1}{16}[(9U_{j+1}^1 + 12U_{j+1/2}^1 - U_j^1) - (3U_{j+1}^0 + U_j^0)]\end{aligned} \tag{4.13}$$

由二次插值误差估计式，可以证明，如上构造的四分点 $x_{j+1/4}$ 和 $x_{j+3/4}$ 处的初值为有限元解的 3 阶逼近，即

$$\tilde{U}_{j+1/4}^2 = U_{j+1/4}^2 + O(h_0^3), \quad \tilde{U}_{j+3/4}^2 = U_{j+3/4}^2 + O(h_0^3) \tag{4.14}$$

且有

$$\tilde{U}_{j+1/4}^2 - U_{j+1/4}^2 = -(\tilde{U}_{j+3/4}^2 - U_{j+3/4}^2) + O(h_0^4) \tag{4.15}$$

也就是说，四分点初值与有限元解之间的误差为高频振荡的，几次迭代即可将此部分误差消除，相当于通过外推和二次插值技术，得到了下层密网格上有限元解 4 阶精度的逼近值，对加速密网格上迭代法的收敛起着关键作用。这也正是 EXCMG 算法效率非常高的根本原因。

4.1.2 二维网格外推

1. 矩形网格

对如图 4.3(a) 所示三层矩形嵌套网格，4 个节点"■"可利用前两层网格节点值由公式 (4.7) 外推得到，4 个边中点"●"初值可分别利用 g_i 方向的中点外推公式 (4.11) 得到。其余未知的 17 个四分点"▲"初值可由已得到的 8 个点 (4 节点和 4 边中点) 初值作不完全双二次多项式插值得到。

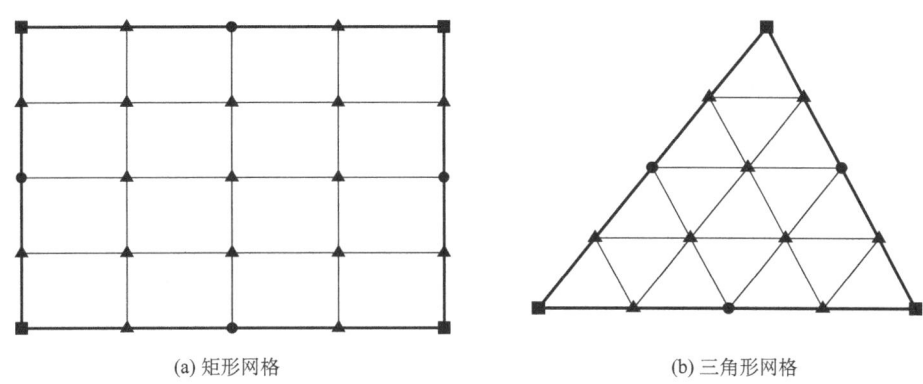

(a) 矩形网格　　　　　　　　　　(b) 三角形网格

图 4.3　三层矩形及三角形嵌套网格

2. 三角形网格

对如图 4.3(b) 所示三层三角形嵌套网格，3 个节点"■"以及 3 个边中点"●"初值可分别利用外推公式 (4.7) 和 (4.11) 得到。其余未知的 9 个点"▲"初值可由已得到的 6 个点 (3 节点和 3 边中点) 初值作二元二次完全多项式插值得到。

4.1.3 三维网格外推

1. 六面体网格

考虑如图 4.4 所示三层六面体嵌套网格，和一维情形类似，8 个节点"●"可利用前两层网格节点值由公式 (4.7) 外推得到，12 个边中点"●"初值可分别利用 x, y, z 三个方向的中点外推公式 (4.11) 得到。其余未知 $105\,(5^3-20)$ 个点的初值可由已得到的 20 个初值 (8 节点、12 边中点) 作 20 节点六面体二次元插值得到，即

$$U(\xi,\eta,\zeta) = \sum_i N_i(\xi,\eta,\zeta) U_i \tag{4.16}$$

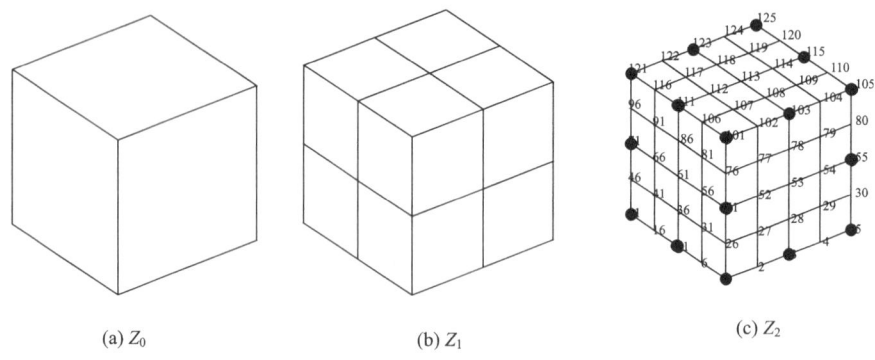

(a) Z_0 (b) Z_1 (c) Z_2

图 4.4　三层六面体嵌套网格

其中，形函数：

$$N_i(\xi,\eta,\zeta) = \begin{cases} \dfrac{1}{8}(1+\xi_0)(1+\eta_0)(1+\zeta_0)(\xi_0+\eta_0+\zeta_0-2) & (i=1,5,21,25,101,105,121,125) \\ \dfrac{1}{4}(1-\xi^2)(1+\eta_0)(1+\zeta_0) & (i=3,23,103,123) \\ \dfrac{1}{4}(1-\eta^2)(1+\xi_0)(1+\zeta_0) & (i=11,15,111,115) \\ \dfrac{1}{4}(1-\zeta^2)(1+\xi_0)(1+\eta_0) & (i=51,55,71,75) \end{cases}$$

式中，

$$\xi_0 = \xi_i\xi, \quad \eta_0 = \eta_i\eta, \quad \zeta_0 = \zeta_i\zeta$$

例如，利用 20 节点二次插值公式(4.16)可得

$$U_{35} = \sum_i N_i(1,-0.5,-0.5)U_i = \frac{9}{16}U_{15} - \frac{3}{16}U_{25} + \frac{9}{16}U_{55} + \frac{3}{16}U_{75} - \frac{3}{16}U_{105} + \frac{3}{16}U_{115} - \frac{1}{8}U_{125}$$

$$U_{63} = \sum_i N_i(0,0,0)U_i = -\frac{1}{4}(U_1 + U_5 + +U_{21} + U_{25} + U_{101} + U_{105} + U_{121} + U_{125})$$
$$+ \frac{1}{4}(U_3 + U_{11} + U_{15} + U_{23} + U_{51} + U_{55} + U_{71} + U_{75} + U_{103} + U_{111} + U_{115} + U_{123})$$

2. 四面体网格

考虑如图 4.5 所示三层四面体嵌套网格，4 个节点 "●" 可利用前两层网格节点值由公式(4.7)外推得到，6 个边中点 "●" 初值可利用中点外推公式(4.11)得到。其余未知 25(35–10) 个点的初值可由已得到的 10 个初值(4 节点和 6 边中点)作 10 节点四面体二次元插值得到，即

$$U(L_1,L_{21},L_{31},L_{35}) = \sum_{i=1,5,8,10,21,24,26,31,33,35} N_i(L_1,L_{21},L_{31},L_{35})U_i \tag{4.17}$$

其中，$L_i(i=1,21,31,35)$ 为四面体中的体积坐标，形函数可写为
$$N_i = (2L_i - 1)L_i, \quad i = 1, 21, 31, 35,$$
$$N_5 = 4L_1L_{21}, \quad N_8 = 4L_1L_{31}, \quad N_{10} = 4L_1L_{35},$$
$$N_{24} = 4L_{21}L_{31}, \quad N_{26} = 4L_{21}L_{35}, \quad N_{33} = 4L_{35}L_{31}$$

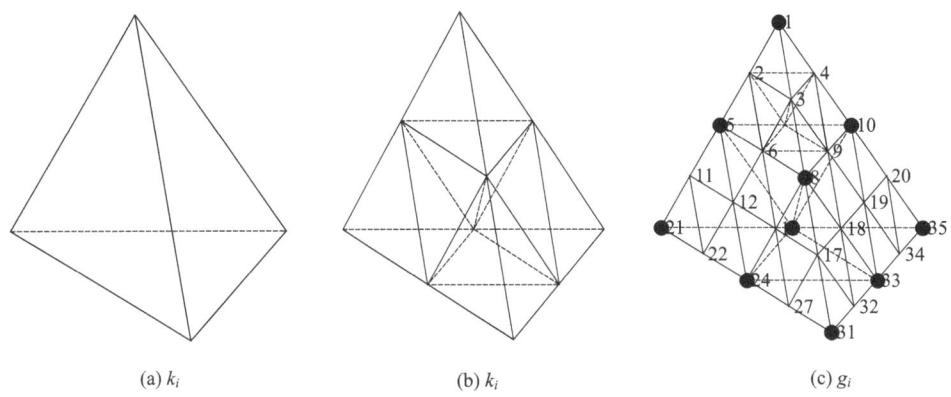

图 4.5　三层四面体嵌套网格

值得指出的是，外推与插值运算都是局部操作，对单个粗网格单元研究清楚后，可得到粗网格单元上构造密网格初值的外推及插值矩阵。然后，按粗网格单元循环，即可完成整个计算区域上高精度初值的构造，因此计算机上实现非常简便。

EXCMG 算法:
Step 1): 先求解最粗两层网格 Z_0, Z_1 上的准确有限元解 U^0, U^1。
Step 2): 对 $i = 1, 2, \cdots, L$ 执行
　　a) 利用外推公式 (4.7)、(4.11) 和插值公式，构造密网 Z_i 上初值 $\tilde{U}^i$；
　　b) 以 $\tilde{U}_i$ 为初值，利用 CG 迭代 m_i 求得近似解 U^i。
Step 3): 输出近似解 U^L，退出程序。

4.1.4　EXCMG 算法步骤

外推瀑布式多网格法的核心在于：利用"外推+二次插值"技术构造密网格上有限元解的高精度初值，加速迭代法的收敛。
网格 Z_i 上的 CG 迭代次数 m_i 通常取为
$$m_i = m^* \beta^{L-i} \tag{4.18}$$
其中，m_i 为最密网格 Z_L 上的迭代次数，一般取为 4~32；而 $1 \leqslant \beta \leqslant 2^d$，$d$ 为求解

区域的维数。此处，$1 \leq \beta \leq 2^d$ 确保了该方法的多网格复杂性，即算法的总计算量与未知数的个数成正比。4.1.5 节所有算例中均取 $m^* = 16, \beta = 4$。

研究发现，可将原 EXCMG 法中的磨光算子 CG 改为雅可比预条件共轭梯度法（JCG），即直接利用对角阵预处理的共轭梯度法，能在几乎不增加计算工作量的前提下，进一步提高外推多网格法的计算效率。此种处理方式对直流电法正演这种系数剧烈变化边值问题的求解尤为有效。另外，固定每层网格上的迭代次数 m^*，对方法作收敛性分析比较容易，但实际应用中并不方便。因此，我们提出如下改进 EXCMG 算法。

改进 EXCMG 算法：
Step 1)：先求解最粗两层网格 Z_0, Z_1 上的准确有限元解 U^0, U^1。
Step 2)：对 $i = 1, 2, \cdots, L$ 执行
  a) 利用外推公式 (4.7)、(4.11) 和插值公式，构造密网 Z_i 上初值 $\tilde{U}^i$；
  b) 以 $\tilde{U}_i$ 为初值，利用 JCG 迭代至残差范数小于给定精度 ε，求得近似解 U^i。
Step 3)：输出近似解 U^L，退出程序。

值得指出的是，一旦得到最密几层网格上比较精确的有限元解，即可利用超收敛技术（对导数）和经典外推（对函数）进一步提高精度，或作后验误差估计，这种高精度后处理也是 EXCMG 算法优点之一。

4.1.5 EXCMG 算法测试

本节数值测试平台为 Inter(R) Xeon(R) CPU E5-2680 (2.80GHz)，64GB 内存，编译环境为 Intel(R) Visual Fortran Composer XE 2011。下面分别给出 2D、3D 情形下两个算例的计算结果与分析。

算例 1： 考虑正方体区域 $(0,1)^3$ 上的 Possion 方程边值问题：

$$-\Delta u = \frac{3}{4}\pi^2 \sin(\frac{x}{2})\sin(\frac{y}{2})\sin(\frac{z}{2})$$

相应的边界条件为

$$u(0, y, z) = u(x, 0, z) = u(x, y, 0) = 0$$

$$\frac{\partial u}{\partial n}(1, y, z) = \frac{\partial u}{\partial n}(x, 1, z) = \frac{\partial u}{\partial n}(x, y, 1) = 0$$

真解为 $u(x, y, z) = \sin(\frac{\pi}{2}x)\sin(\frac{\pi}{2}y)\sin(\frac{\pi}{2}z)$。

初始网格规模为 $8 \times 8 \times 8$，采用 7 层嵌套六面体网格，每层网格 JCG 迭代停机标准为相对残差小于 10^{-8}。最密网格 $512 \times 512 \times 512$（约 1.35 亿未知数）上 JCG 迭

代次数仅为 3。由于前两层网格为直接求解，计算结果从第三层网格开始，如表 4.1 所示。从表中可看出，尽管总的计算工作量仅为 3.7WU，但计算结果非常精确，达到线性有限元固有的二阶收敛；并且，通过对最密两层网格数值解外推，进一步大大提高了数值解的精度，误差 2 范数达到 10^{-9} 的量级。这表明 EXCMG 算法对此类椭圆边值问题非常有效。

表 4.1 算例 1 迭代次数及误差分析表

网格规模	迭代次数	相对残差	$\|U_h - u\|_2$	收敛阶
32×32×32	7	9.99×10^{-9}	4.02×10^{-4}	
64×64×64	10	8.14×10^{-9}	1.00×10^{-4}	2.00
128×128×128	18	7.68×10^{-9}	2.51×10^{-5}	2.00
256×256×256	3	6.26×10^{-9}	6.28×10^{-6}	2.00
512×512×512	3	6.00×10^{-9}	1.57×10^{-6}	2.00
	3.7WU[1]		1.36×10^{-9}	

1)WU(Work Unit) 表示最密网格上执行一次迭代的工作量，即 EXCMG 程序总的计算工作量为 $3 + 3 \times 2^{-3} + 18 \times 2^{-6} + 10 \times 2^{-9} + 7 \times 2^{-12} \approx 3.7$。

若要将 EXCMG 算法应用于 3D 直流电阻率法正演，必须考虑带系数的椭圆边值问题，因为地下电导率为空间变化的函数。

算例 2： 考虑正方体区域 $(0,1)^3$ 上带系数的 Possion 方程第一边值问题：

$$\begin{cases} -\nabla \cdot [\beta(x,y,z)\nabla u] = f, & \text{in } \Omega \triangleq (0,1)^3 \\ u = g, & \text{on } \partial\Omega \end{cases}$$

其中，可变系数 $\beta(x,y,z) = 2 + \cos(x)\cos(2y)\cos(3z)$，右端函数 f 与 g 由精确解 $u(x,y,z) = e^{xyz}$ 确定。

同样初始网格规模为 $8 \times 8 \times 8$，采用 7 层嵌套六面体网格，每层网格 JCG 迭代停机标准为相对残差小于 10^{-12}。最密网格 $512 \times 512 \times 512$（约 1.35 亿未知数）上 JCG 仅迭代两次。EXCMG 计算结果如表 4.2 所示。从表中可看出，总的计算工作量仅为 3.7WU，但计算结果非常精确，达到线性有限元二阶收敛；并且，最密两层外推数值解，误差 2 范数达到 10^{-9} 的量级。这表明 EXCMG 算法对此类具有系数的椭圆边值问题同样非常有效，为 EXCMG 法应用到直流电阻率法正演奠定了基础。

为进一步说明 EXCMG 法的高效性，利用经典多网格法[包括 V(1,1) 和 W(2,1)]重新进行了计算。并且，为方便比较，经典多网格法达到和 EXCMG 法相同的精度。对比结果如表 4.3 所示。从表中可看出，达到相同精度的前提下，

EXCMG 法最密网格的工作量远少于经典多网格法，计算时间远少于经典多网格法的时间。对此类 512 剖分(约 1.35 亿未知数)的 3D 椭圆边值问题，EXCMG 法在普通计算机上耗时不到半分钟。

表 4.2　算例 2 迭代次数及误差分析表

网格规模	迭代次数	相对残差	$\|U_h - u\|_2$	收敛阶
32×32×32	52	9.53×10^{-13}	3.57×10^{-5}	
64×64×64	59	9.33×10^{-13}	8.92×10^{-6}	1.97
128×128×128	48	9.90×10^{-13}	2.23×10^{-6}	1.98
256×256×256	8	1.00×10^{-12}	5.59×10^{-7}	1.99
512×512×512	2	5.88×10^{-13}	1.42×10^{-7}	1.99
	3.7WU		1.07×10^{-9}	

表 4.3　三种多网格方法迭代次数比较

	EXCMG		V(1,1)			W(2,1)		
	WU	CPU[1]	cycle[2]	WU	CPU	cycle	WU	CPU
问题 1	3.7	24.6	9	48	172.4	6	180	171.6
问题 2	3.9	25.5	9	48	169.2	8	120	226.9

1)CPU 为多网格法求解最终线性方程组的时间，单位为秒。

2)cycle 为经典多网格法达到给定精度所进行的 V 循环或 W 循环次数。

4.2　边值问题及有限元分析

电磁法有限元正演是国内外长期的研究热点和前沿之一。有限单元法已成为直流电阻率法 3D 数值模拟最主要的方法。本节以二次场计算方案的 3D 直流电阻率法为例，给出基于变分原理的 Ritz 法有限元求解过程。对 2.5D 直流电阻率法的 Ritz 有限元推导，完全类似，可参考文献(Pan and Tang, 2014)。

4.2.1　边值问题

若不考虑地形，则可对总电位 U 进行分解：

$$U = U_1 + U_2 \tag{4.19}$$

式中，U_1 为电源在均匀半空间产生的电位，占总电位的主要部分。U_2 为地下不均匀体产生的电位，常被称为二次场，满足如下椭圆边值问题：

$$\begin{cases} -\nabla\cdot[\sigma\nabla U_2] = \nabla\cdot[\sigma_2\nabla U_1] & U_2\in\Omega \\ \dfrac{\partial U_2}{\partial n} = 0 & U_2\in\Gamma_0 \\ \dfrac{\partial U_2}{\partial n} + \dfrac{\cos\theta}{r}U_2 = 0 & U_2\in\Gamma_\infty \end{cases} \quad (4.20)$$

下面基于变分原理给出求解边值问题(4.20)的有限元方法。利用散度定理，容易证明：边值问题(4.20)与如下变分问题等价：

$$\begin{cases} F(U_2) = \int_\Omega \left[\dfrac{1}{2}\sigma(\nabla U_2)^2 + \sigma_a\nabla U_1\cdot\nabla U_2\right]\mathrm{d}\Omega \\ \qquad + \int_{\Gamma_\infty}\left[\dfrac{1}{2}\sigma\dfrac{\cos\theta}{r}U_2^2 + \sigma_a\dfrac{\cos\theta}{r}U_1U_2\right]\mathrm{d}\Gamma \\ \delta F(U_2) = 0 \end{cases} \quad (4.21)$$

4.2.2 有限元分析

首先将计算区域剖分成长方体单元，如 $\Omega = \bigcup_{e=1}^{n_e}\Omega_e$，且假设每个单元里电导率为常数。因此式(4.21)中的积分可表示为一系列单元积分之和，即：

$$F(U_2) = \sum_{e=1}^{n_e}\int_{\Omega_e}\left[\dfrac{1}{2}\sigma(\nabla U_2)^2 + \sigma_a\nabla U_1\cdot\nabla U_2\right]\mathrm{d}\Omega \\ + \sum_{\Gamma_e\in\Gamma_\infty}\int_{\Gamma_e}\left[\dfrac{1}{2}\sigma\dfrac{\cos\theta}{r}U_2^2 + \sigma_a\dfrac{\cos\theta}{r}U_1U_2\right]\mathrm{d}\Gamma \quad (4.22)$$

式中，Ω_e 表示单元 e；Γ_e 为落在边界 Γ_∞ 上的单元边界；n_e 为总的有限单元个数。

进一步假设：每个单元里 U_1 及 U_2 为三线性函数，即：

$$U_1 = \sum_{i=1}^{8}N_iU_{1,i}, \quad U_2 = \sum_{i=1}^{8}N_iU_{2,i} \quad (4.23)$$

式中，$U_{1,i}, U_{2,i}$ 为局部坐标系下正常电位和异常电位在立方体单元第 i 个角点的值；N_i 为三线性插值形函数，由式(4.24)给出：

$$N_i = \dfrac{1}{8}(1+\xi_i\xi)(1+\eta_i\eta)(1+\zeta_i\zeta) \quad (4.24)$$

式中，ξ_i,η_i,ζ_i 分别为点 i 在局部坐标系 (ξ,η,ζ) 下的坐标。两组坐标系之间的关系为

$$x = x_0 + \frac{a}{2}\xi, \quad y = y_0 + \frac{b}{2}\eta, \quad z = z_0 + \frac{c}{2}\zeta \tag{4.25}$$

式中，(x_0, y_0, z_0) 为子单元中心坐标；a,b,c 分别为子单元三个边长。

利用式(4.23)和式(4.24)，式(4.22)中每个子单元上的积分可精确计算，再对所有单元求和及组装后可得

$$F(\boldsymbol{x}) = \frac{1}{2}\boldsymbol{x}^{\mathrm{T}}\boldsymbol{A}\boldsymbol{x} - \boldsymbol{x}^{\mathrm{T}}\boldsymbol{b} \tag{4.26}$$

式中，A 为总体刚度矩阵；$\boldsymbol{x}$ 为所有节点二次场值构成的未知向量；符号"T"表示矩阵转置。

由方程(4.26)易得泛函 F 关于 $\boldsymbol{x}$ 的一阶变分：

$$\delta F(\boldsymbol{x}) = \delta \boldsymbol{x}^{\mathrm{T}}\boldsymbol{A}\boldsymbol{x} - \delta \boldsymbol{x}^{\mathrm{T}}\boldsymbol{b} \tag{4.27}$$

令式(4.27)变分为零，即得有限元方程：

$$\boldsymbol{A}\boldsymbol{x} = \boldsymbol{b} \tag{4.28}$$

式中，总体刚度矩阵 A 为稀疏、对称正定矩阵。

求解有限元方程(4.28)后，可得二次场 U_2，利用分解式(4.19)，加上一次场 U_1 即可得总场。进而可计算各种电法装置下的视电阻率。

4.3 数值模拟及评价

4.3.1 EXCMG 速度分析

考虑经典的两层模型，单位点电源位于坐标原点，设置第一层电阻率为 $\rho_1 = 1\,\Omega\cdot\mathrm{m}$，厚度 $h_1 = 2\mathrm{m}$；第二层电阻率为 $\rho_2 = 19\,\Omega\cdot\mathrm{m}$。此模型用来验证外推多网格法的精度和效率。

为验证方法的可行性，取波数 $k = 0.0031677$（波数越大，有限元离散后得到的刚度阵对角优势越明显，条件数越小，求解越容易）求解变分问题[式(4.21)]。有界化计算区域取为 400×400。采用均匀矩形剖分，将问题有限元离散后，分别用 SSORCG、ICCG 及 EXCMG 算法求解离散后得到的大型线性方程组。

EXCMG 算法采取 6 层均匀矩形嵌套网格，建立 5 个有限元模型，最粗网格分别取为 20×20、30×30、40×40、50×50、60×60 和 80×80，最密网格为 640×640、960×960、1280×1280、1600×1600、1920×1920 和 2560×2560，每层网格上 CG 迭代次数 $m_i = 16 \times 4^{6-i}$。为了便于比较，预处理共轭梯度法的迭代终止条件，取为残差小于 EXCMG 算法计算结果的残差。

图 4.6 给出了不同网格规模下 SSORCG、ICCG 和 EXCMG 三种方法的 CPU 时间。从双对数坐标图上可看出，EXCMG 法的时间曲线斜率为 1，表明 EXCMG

法的计算量与节点个数成正比,这点同样可从表 4.4 验证。图 4.7 为 EXCMG 法在不同网格规模下的收敛曲线。从图中可看出相对残差随着迭代次数单调递减,且不同网格下迭代曲线几乎完全重合,进一步表明 EXCMG 法收敛速度与网格规模无关。

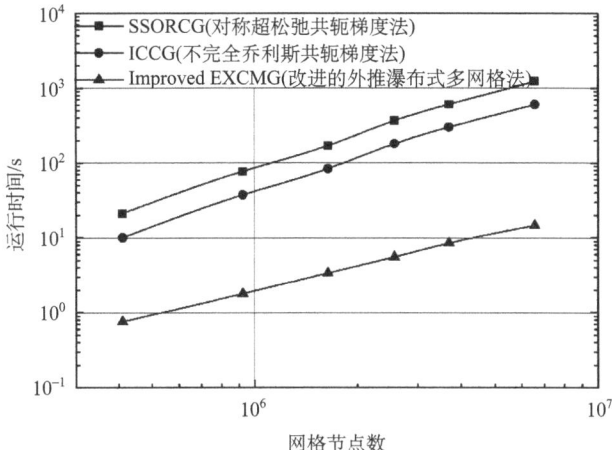

图 4.6　不同网格规模下三种方法运行时间

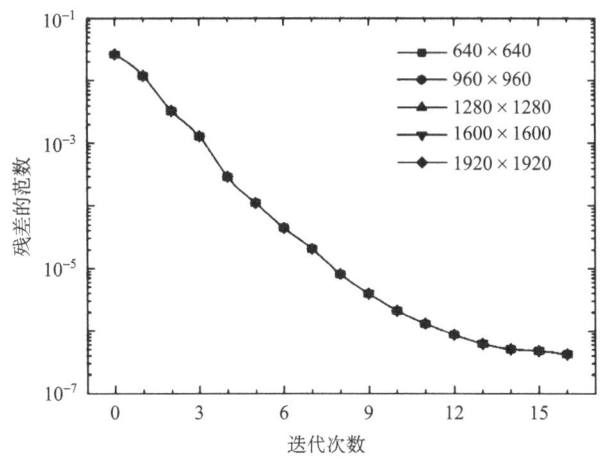

图 4.7　不同网格下 EXCMG 法的收敛曲线

表 4.4　不同网格下 ICCG、SSORCG 与 EXCMG 法 2.5D 正演时间及迭代次数

网格规模	ICCG		SSORCG		EXCMG	
	迭代次数	计算时间/s	迭代次数	计算时间/s	迭代次数	计算时间/s
640×640	380	10.06	799	20.29	16	0.72
960×960	564	37.49	1181	77.11	16	1.68
1280×1280	746	83.96	1556	170.96	16	3.24

续表

网格规模	ICCG 迭代次数	ICCG 计算时间/s	SSORCG 迭代次数	SSORCG 计算时间/s	EXCMG 迭代次数	EXCMG 计算时间/s
1600×1600	927	180.21	1931	368.96	16	5.26
1920×1920	1106	302.41	2300	610.73	16	7.86
2560×2560	1460	606.00	3034	1232.78	16	13.96

表 4.4 和表 4.5 分别给出 2.5D 和 3D 直流电法正演时三种方法(SSORCG、ICCG、EXCMG)的运行时间和迭代次数。从表中可得到如下结论：①ICCG 法比 SSORCG 法效率高，但因为 ICCG 法需作矩阵分解，比 SSORCG 和 EXCMG 法需要更多内存；②三种求解器中 EXCMG 法的效率最高，且随着问题的规模增大，其效率优势越明显。在 2560×2560 网格下，EXCMG 比 ICCG 快几十倍，比 SSORCG 快上百倍。同样对 256×256×256 的三维正演问题，EXCMG 法也比 SSORCG 快七十多倍；而 ICCG 由于不完全 Cholesky 分解需要耗费大量内存，提示内存不够(out-of-memory，OOM)而计算失败。

表 4.5 不同网格下 ICCG、SSORCG 与 EXCMG 法 3D 正演时间及迭代次数

网格规模	ICCG 迭代次数	ICCG 计算时间/s	SSORCG 迭代次数	SSORCG 计算时间/s	EXCMG 迭代次数	EXCMG 计算时间/s
96×96×96	61	15.21	156	36.13	16	4.79
128×128×128	105	58.69	263	141.65	16	12.15
192×192×192	133	254.84	284	530.61	16	41.86
256×256×256	OOM	OOM	442	7343.63	16	99.62

4.3.2 EXCMG 精度分析

图 4.8 给出层状模型下 EXCMG 法得到的数值解与解析解的比较。其中最密网格为 $800 \times 800 (\Delta x = 0.5\text{m}，\Delta z = 0.25\text{m})$，初始网格为 50×50。从图中可看出，EXCMG 法得到的二次场有限元解在所有节点和真解几乎完全重合。事实上，主剖面上所有节点的 2.5D 正演结果平均相对误差不到 0.3%；而 3D 正演时二次场计算精度更高，最大相对误差约为 0.1%。这主要是因为较密网格（2560×2560）下 2.5D 正演时，离散 Fourier 变换带来误差比有限元模拟本身误差大，导致其结果比 3D 正演结果精度差。另外从图 4.8 中也可看出，二次场方案与总场方案在远离源点计算结果几乎相同，但在源点附近计算精度明显比总场方案高。

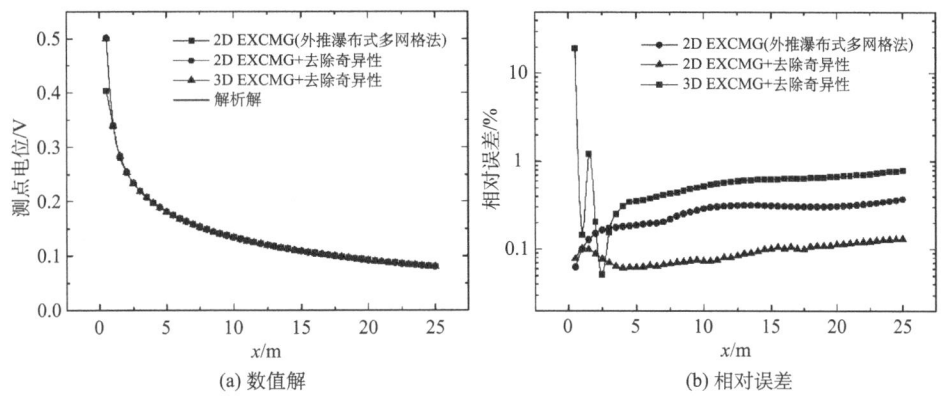

图 4.8 层状模型 EXCMG 法数值解与解析解的比较

图 4.9 给出大电性差异层状模型 ($\rho_1 = 1\,\Omega\cdot m, \rho_2 = 300\,\Omega\cdot m$) 的计算结果。从图中可看出，利用二次场计算方案，EXCMG 算法仍能够得到较好的计算结果，最大相对误差控制在 1%以内。

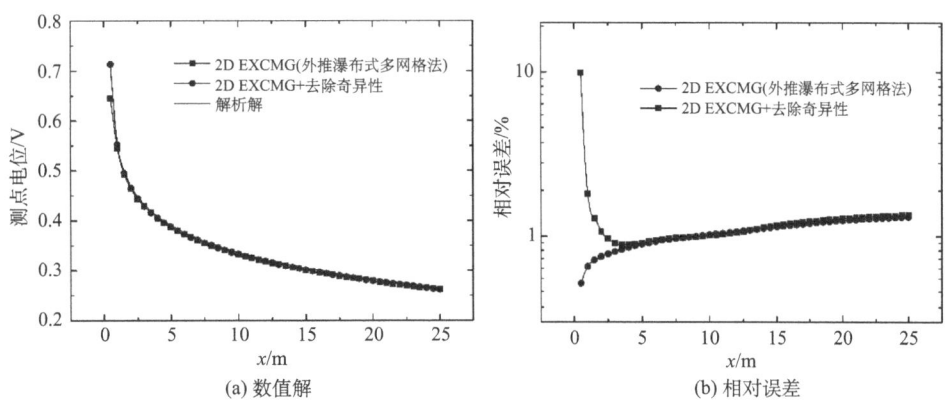

图 4.9 大电性差异层状模型数值解与解析解的比较 ($\rho_2 : \rho_1 = 300:1$)

考虑水平三层模型 ($\rho_1 = 5\,\Omega\cdot m, h_1 = 4m, \rho_2 = 200\,\Omega\cdot m, h_2 = 8m, \rho_3 = 20\,\Omega\cdot m$)，排列装置为 Schlumberger 装置。计算区域截取为 $+x$ 方向 800m，$+z$ 方向 400m。EXCMG 算法中，初始网格及最密网格分别取为 50×50 和 1600×1600 ($\Delta x = 0.5, \Delta z = 0.25m$)。图 4.10 给出三层模型，在最密网格 1600×1600 不同迭代次数下的 Schlumberger 装置视电阻率数值解和相对误差。从图中可看出，不同最密网格迭代次数 m_L (从 32 增至 96) 下的视电阻率及相对误差曲线基本完全重合，表明对此类直流电法正演问题 EXCMG 法最密网格迭代 32 次已足够。这进一步验证了 EXCMG 法对直流电法正演问题的高效性。

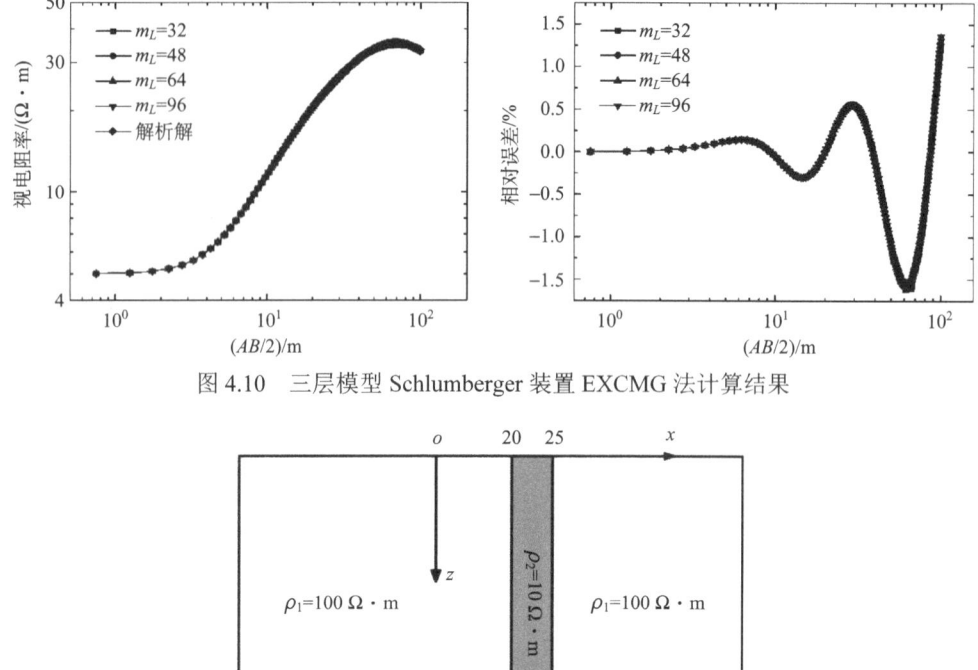

图 4.10 三层模型 Schlumberger 装置 EXCMG 法计算结果

图 4.11 Dike 模型示意图

对如图 4.11 所示的垂直分层模型，图 4.12 给出不同 m_L（从 32 增至 96）下 EXCMG 法计算的两极装置视电阻率曲线。计算区域为 $[-800,800] \times [0,400]$，EXCMG 初始网格设置为 100×25，最密网格为 3200×800（$\Delta x = \Delta z = 0.5\text{m}$）。从图 4.12 中可看出，在四种不同的迭代次数下，都能达到较高的精度水平，对 $m_L = 32, 48, 64, 96$，最

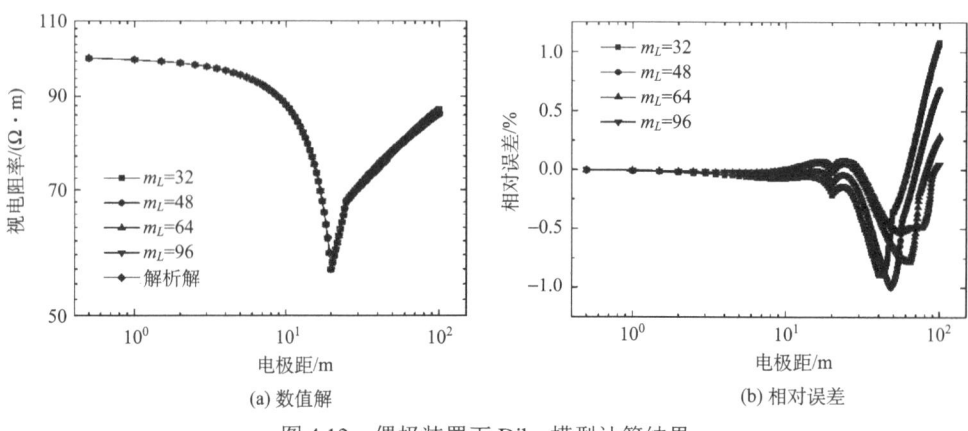

(a) 数值解　　　　　　　　　　　　　　(b) 相对误差

图 4.12 偶极装置下 Dike 模型计算结果

大相对误差分别为 1.1%、1.0%、0.8%、0.5%。偶极装置视电阻率断面如图 4.13 所示。从图中可以看出，数值视电阻率几乎和精确值重合。事实上，93 个点的平均相对误差仅为 0.3%。

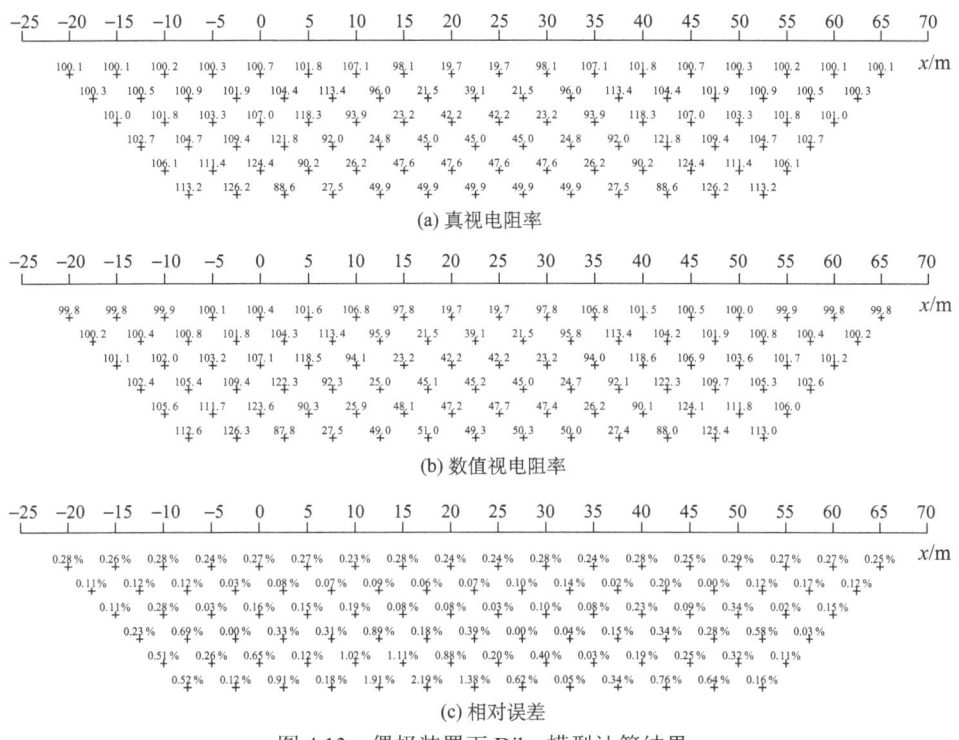

(c) 相对误差

图 4.13　偶极装置下 Dike 模型计算结果

图 4.14 给出大电性差异 Dike 模型（$\rho_1 = 1000\ \Omega\cdot m$，$\rho_2 = 1\ \Omega\cdot m$）视电阻率曲线和相对误差与两极装置电极距之间的关系。算例中，考虑到电导率差异比较大，

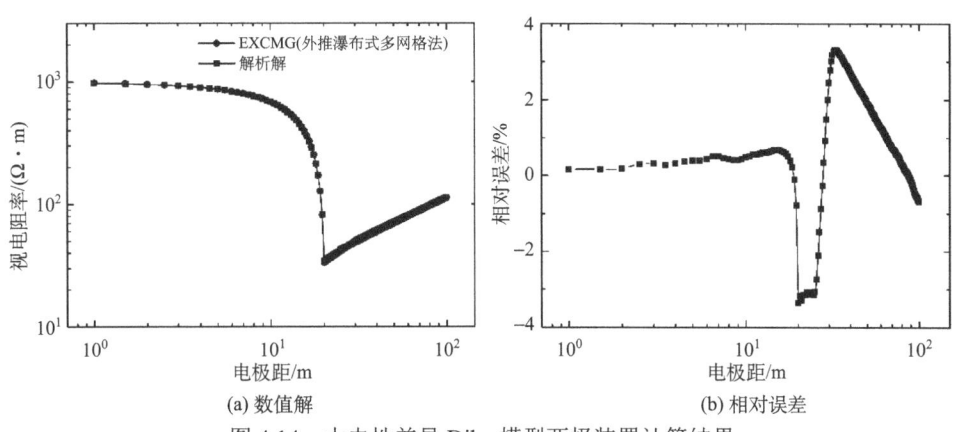

图 4.14　大电性差异 Dike 模型两极装置计算结果

EXCMG 法最密网格上迭代次数 m_L 取为 64。从图中可看出，最大相对误差大约为 3.5%，这表明 EXCMG 算法同样适应于大电性差异的地电模型。

4.4 本章小结

本章研究了外推瀑布式多网格法（EXCMG）在直流电阻率 2.5D 和 3D 正演中的应用。研究表明：EXCMG 法较经典的多重网格法简单，但同样保持求解线性方程组时计算量与未知数的个数成正比的特性。通过大量数值例子对比发现，EXCMG 法比通常采用的预条件共轭梯度法（如 SSORCG、ICCG）快几十倍，且不需要额外内存存储预条件子，为一种直流电法正演快速计算的有效求解工具。

考虑到几何多重网格法本身的限制，目前 EXCMG 法主要用于求解不考虑地形的正演问题。若采用结构化的正规网格，考虑地形因素时，可借鉴界面问题的处理办法，将具有地形影响的计算区域嵌入到一个大的规则区域（二维矩形，三维长方体），在界面（地表）上施加相应的界面条件，进而采用 EXCMG 方法求解。

为简单起见，现 EXCMG 算法主要采用矩形网格（对二维问题）和长方体网格（对三维问题）。实际上，该算法对非结构化的三角形或者四面体网格同样适用。只要有限元模拟的初始网格为分块几乎均匀的（保证有限元渐近误差展开成立，从而可进行外推），采用逐次加密（三角形单元一分为四，四面体单元一分为八）的办法，自然生成 CMG 方法所需的嵌套网格，便可在三角形或者四面体单元上完成外推与插值操作（见 4.1 节），从而得到非结构化网格上的 EXCMG 算法。所以，基于非结构化的 EXCMG 算法则可直接应用到考虑地形的直流电法正演问题中。

本章提出的 EXCMG 算法，都是针对线性有限元（二阶收敛）方法。事实上，EXCMG 方法同样适用于高阶方法，如二次有限元方法和高阶差分方法（Pan et al., 2017a）。

另外，EXCMG 法同样可应用于其他地球物理正演问题，如大地电磁正演、可控源音频大地电磁正演和地震波正演。

第5章 面向目标的自适应有限元法

5.1 背景概述

对于浅层电导率或电阻率结构，直流电阻率法是最简单的方法。由于其低消耗和高效率的特点，直流电阻率法被广泛应用在工程和环境地球物理(Hauck et al., 2003；Kalscheuer et al., 2010；Bergmann et al., 2012；Demirci et al., 2012)、水文地球物理(Brunet et al., 2010；Tang et al., 2011；Yan et al., 2016)、野外采矿(Gochioco and Urosevic, 2003；Rucker, 2010；Yi et al., 2011)、地热探测(Wilson et al., 2006；Pettinelli et al., 2010；Chiodarelli et al., 2011；Hermans et al., 2012)等研究中。

如图 5.1 所示，在野外，我们一般在地面放置一系列测量电极 P 去测量由源电极 C 注入电流到地下区域 Ω 产生的电位。综合考虑不同的测量装置，如单级装置、二级装置、三级装置和四级装置(Shewchuk, 2002；Rucker et al., 2010a；Chen et al., 2015)，我们可以将测量到的电位转换成更有意义的视电阻率值。使用视电阻率的目的是使得地下的电导率或电阻率结构更形象。为了反演电导率分布，非线性最优化算法，如高斯牛顿算法、非线性共轭梯度法(Rodi and Mackie, 2001；Haber et al., 2004；Rücker et al., 2006；Kalscheuer et al., 2010；Grayver et al., 2013；Schwarzbach and Haber, 2013)是时下流行的选择。使用这些非约束反演

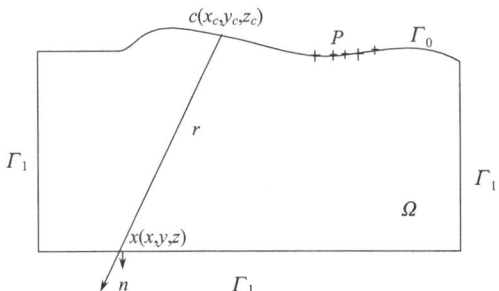

图 5.1 三维任意地形直流电阻率问题。Ω 是计算域，Γ_0 是地表面，Γ_1 是连续边界，围绕封闭域 Ω，地表界面 Γ_0 上放置 c 个源电极 $C = \{C_i\}$，$i = 1,2,\cdots,c$ 和 p 个测量电极 $P = \{P_i\}$，$i = 1,2,\cdots,p$。源电极 C_i 的坐标是 x_i，点 x_c 是所有源的中心。n 代表 Γ_0 和 Γ_1 的外法向向量。矢量 r_i 和 r_c 分别为 $r_i = x - x_i$ 和 $r_c = x - x_c$，$x \in \Gamma_1, x_i \in \Gamma_0, x_c \in \Gamma_0$

算法，需要一个精确的反演求解器计算所有源 C 在电极 P 点处的电位 U。U 是一个 $p \times c$ 的矩阵，在直流电阻率法反演中我们的关键目标是去寻求：

$$U(P) = [U_1(P), U_2(P), \cdots, U_c(P)], C_i(\Omega) \to U_i(P), C = \{C_i\}, i = 1, 2, \cdots, c$$

式中，c 是源电极的数目；p 是测量电极的数目；$U_i(P)$ 是由源 C_i 产生的电位矢量即测点处的电位分布；Ω 指地下区域。

由此可见，地球物理学者通常对测量电极处的精确值感兴趣，这意味着在这些电极周围需要更好的网格，而在远离源电极的区域部分允许粗糙的网格。为了实现这个目的，我们可以人为地改善测量电极处的局部网格；但是这种方法很难保证精确性，而且当源电极附近网格太密时会造成计算时间的浪费。本研究开发了一种最优且自动的网格改善技术，这种技术基于面向目标自适应的概念。这种新技术可以有效改善源电极附近的网格并且允许远离测量区域的网格粗糙一些。为了产生最优网格，在多源电极系统中，我们使用一种超收敛的基于补丁恢复的后验误差估计器。并且，网格自适应算法框架用于修正网格单元，出现大的误差时，局部网格会自动重设。这种网格下，测量电极处的数值解的精确性被叠加改善。为求解带地形的复杂模型，我们采用虚拟电位计算策略和非结构化网格技术。最后，我们测试了几个综合模型用于验证算法的精确性以及测试其对多电极系统、带地形问题、复杂模型的适应性。

5.2 虚拟电位的边值问题

测量电极 P 处的电场 $U_i(P)$ 是由注射在源电极 C_i 处的电流产生的，基于下面的泊松方程(Bing and Greenhalgh, 2001; Li and Spitzer, 2002; Rücker et al., 2006; Zhou et al., 2009)：

$$\nabla \cdot \sigma(x) \nabla U_i = -I\delta(x, x_i) \quad x \in \Omega \quad (5.1)$$

式中，$\sigma(x)$ 是地下的电导率分布；x_i 是源电极 C_i 的坐标；δ 是狄利克雷函数。如图 5.1 所示，源电极放置在地表处，地下导电时会产生电流，从物理的观点来看，因为空气的电导率是 0，没有电流通过地表流到空气中。这个限制使得地表电位的诺依曼条件成立：

$$\boldsymbol{n} \cdot \nabla U_i = 0 \quad \text{在 } \Gamma_0 \text{ 上} \quad (5.2)$$

式中，$\boldsymbol{n}$ 是由地面指向空气中的地表法向向量。

从源电极 $C_i(x_i)$ 到包围地下 Ω 域的连续边界 Γ_1，电位幅度的变化(Dey and Morrison, 1979)如：$U_i = U_i^0 \dfrac{1}{n}$，式中 $n = |x - x_i|, x \in \Gamma_1$。假设我们可以找到一个包含所有源的小立方块并标记 x_c 为小源块的中心，如果边界 Γ_1 远离小源块，那

么我们可以有下列的约等式：

$$r_i \approx |\bm{x}_c - \bm{x}| = r_c \quad \bm{x} \in \varGamma_1 \tag{5.3}$$

式中，r_c 是源电极到边界 $\varGamma_1$ 的平均距离。如果上式成立，那么对于边界 $\varGamma_1$ 我们可以找到一个边界条件：

$$U_i = U_i^0 \frac{1}{r_c} \quad \text{在} \varGamma_1 \text{边界上} \tag{5.4}$$

式中，U_i^0 是一个任意的常数，独立于平均距离 r_c。

方程(5.1)，(5.2)和(5.4)形成了对于总场 U_i 的边值问题。

在源电极 C_i 的小邻域内（如图 5.2），总场电位急剧变化，使得数值模拟方法很难准确模拟这种快速变化的行为。为了克

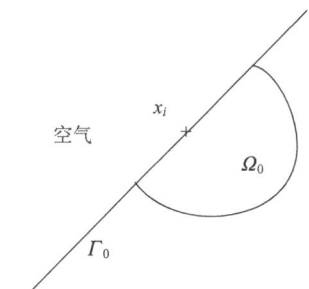

图 5.2 局部半空间域 $\varOmega_0$，包含源电极，且坐标为 $\bm{x}_i$，$\varGamma_0$ 为源电极处的切面

服这个困难，目前有两种方法。第一种试图改变源电极附近的网格密度(Li et al.，2013)；第二种是奇异值移除技术。奇异场可以是半空间下的解析解，对于不平坦的表面地形，它的解析解通常不可用。对于这种情况，可以使用表面积分法(Chambers et al.，2006；Zhang et al.，2016)或者使用非常密集的网格或高阶有限元估计(Qi et al.，2015)寻求一种数值解。然而，这些方法都需要很高的计算成本。

当源电极位于一个平滑的表面 $\varGamma_0$，$C_i(\bm{x}_i)$ 的邻域 $\varOmega_0$ 的奇异解有以下形式：

$$U_i^s = \frac{I}{2\pi\sigma_0}\frac{1}{r_i}, \quad r_i = |\bm{x} - \bm{x}_i| \quad \bm{x} \in \varOmega_0 \tag{5.5}$$

式中，σ_0 是源电极周围邻域的电导率。如果球状区域足够小，那么 σ_0 可以假设为一个常量。在正演中，邻域 $\varOmega_0$ 被定义为一系列支撑电极邻域 C_i 的单元，常电导率 σ_0 可以被看作是这些单元的平均电导率。

那么我们可以将总场分解为

$$U_i = U_i^s + U_i^r \tag{5.6}$$

式中，U_i^r 是剩余的二次常规场。将上面提到的分解代入总场满足的边值问题。在地下，剩余的二次场满足：$\nabla \cdot \sigma(\bm{x})\nabla U_i^r = -I\delta(\bm{x},\bm{x}_i) - \nabla \cdot \sigma(\bm{x})\nabla U_i^s$。在源电极的邻域 $\varOmega_0$，我们有 $\nabla \cdot \sigma_0 \nabla U_i^s = -I\delta(\bm{x},\bm{x}_i)$，那么我们有 $\nabla \cdot \sigma(\bm{x})\nabla U_i^r = 0$。在域 $\varOmega - \varOmega_0$，我们有：$\nabla \cdot \sigma(\bm{x})\nabla U_i^r = -\nabla \cdot \sigma(\bm{x})\nabla U_i^s$，因为在域 $\varOmega - \varOmega_0$ 中 $\nabla \cdot \sigma_0 \nabla U_i^s = 0$，所以我们可以得到在整个域 $\varOmega$ 统一的表达：

$$\nabla \cdot \sigma(\bm{x})\nabla U_i^r = -\nabla \cdot [\sigma(\bm{x}) - \sigma_0]\nabla U_i^s \tag{5.7}$$

在地表 $\varGamma_0$，我们有

$$\boldsymbol{n}\cdot\nabla U_i^r = -\boldsymbol{n}\cdot\nabla U_i^s = \frac{I}{2\pi\sigma_0}r_i^{-3}[(\boldsymbol{x}-\boldsymbol{x}_i)\cdot\boldsymbol{n}], r_i = |\boldsymbol{x}-\boldsymbol{x}_i| \qquad \boldsymbol{x}\in\varGamma_0 \qquad (5.8)$$

这里，我们简单地将总场减去方程(5.5)中的奇异函数得到在 $\varGamma_0$ 上的关于二次场的非齐次诺依曼边界条件。我们没有给地表的奇异值函数强加任何限制，其他的奇异值移植技术(Lowry et al., 1989；李张明, 1994; Qin et al., 2011)需要奇异电位 U_i^s 是一个格林函数，由单点源直接注入背景地下模型产生。奇异电位 U_i^s 必须满足与总场类似的边值问题，如齐次诺依曼边界条件。然而，对于一个不平坦的背景地球模型，没有解析解作为格林函数或奇异电位。所以，事实是需要额外的数值成本去计算奇异格林函数，例如，用普通的有限元法(Rücker et al., 2006)或快速的基于多极展开的边界元法(Blome et al., 2009)。上面提到的从总场中简单减去一个解析奇异函数(Li et al., 2015)可以有效避免额外消耗。此外，由于在地表剩余的二次电位满足非奇次诺依曼条件，$\boldsymbol{n}\cdot\nabla U_i^r \ne 0$。这意味着一些电流将流入空气中。所以我们将这种剩余的有规律的电位命名为"虚拟场"，因为没有物理上的直流可以产生这种电位。

在无穷远边界 $\varGamma_1$ 上，现在我们有

$$U_i^r = U_i^0 \frac{1}{r_c} - \frac{I}{2\pi\sigma_0}\frac{1}{r_i}, \ r_c = |\boldsymbol{x}-\boldsymbol{x}_c|, r_i = |\boldsymbol{x}-\boldsymbol{x}_i| \qquad \boldsymbol{x}\in\varGamma_1 \qquad (5.9)$$

式中，$\boldsymbol{x}_c$ 是源立方块的中心。这里我们有 $r_i \approx r_c$ 是因为我们已经假设源立方块离边界 $\varGamma_1$ 足够远。那么上面的方程变成：

$$U_i^r = \left(U_i^0 - \frac{I}{2\pi\sigma_0}\right)\frac{1}{r_c} = U_i^* \frac{1}{r_c} \qquad (5.10)$$

式中，U_i^* 是一个独立于平均距离 r_c 的任意常数。对方程两边应用操作符 $\boldsymbol{n}\cdot\nabla$ 并且消除常数，我们可以获得如下的位于边界 $\varGamma_1$ 的混合边界条件：

$$\boldsymbol{n}\cdot\nabla U_i^r + \frac{\cos\langle \boldsymbol{r}_c, \boldsymbol{n}\rangle}{r_c}U_i^r = 0, \ r_c = |\boldsymbol{r}_c|, \boldsymbol{x}\in\varGamma_1 \qquad (5.11)$$

式中，$\langle \boldsymbol{r}_c, \boldsymbol{n}\rangle$ 是在边界 $\varGamma_1$ 上矢量 $\boldsymbol{r}_c = \boldsymbol{x}-\boldsymbol{x}_c$ 和外法向单位向量的夹角。

对于所有的源电极 C_i，$i = 1, 2, \cdots, c$，我们有 c 个相似的边值问题：

$$\begin{aligned}&\nabla\cdot\sigma(\boldsymbol{x})\nabla U_i^r = -\nabla\cdot[\sigma(\boldsymbol{x})-\sigma_0]\nabla U_i^s, \quad \varOmega \\ &\boldsymbol{n}\cdot\nabla U_i^r = \frac{I}{2\pi\sigma_0}r^{-3}[(\boldsymbol{x}-\boldsymbol{x}_i)\cdot\boldsymbol{n}], \quad \varGamma_0 \\ &\boldsymbol{n}\cdot\nabla U_i^r + \frac{\cos\langle \boldsymbol{r}_c, \boldsymbol{n}\rangle}{r_c}U_i^r = 0, \quad \varGamma_1\end{aligned} \qquad (5.12)$$

在上式中，地表上当 $\boldsymbol{x}$ 接近 $\boldsymbol{x}_i$ 时，出现奇异性，为避免这种奇异性，我们要求穿过源点的局部平面是一个平坦三角形(如图 5.3 所示)。这意味着在这个局部平面

上 $[(x - x_i) \cdot n = 0]$。所以界面 Γ_0 上的非齐次诺依曼边界条件的奇异性会消失而不会造成二次场解的奇异性。为了在正反演中实现这个要求，我们可以将源电极放置在离散地表面节点元的中心。此外，我们发现混合边界条件并不会因为源电极位置的改变而改变，所以由方程(5.12)决定的系数矩阵在不同的源电极中也是相同的。

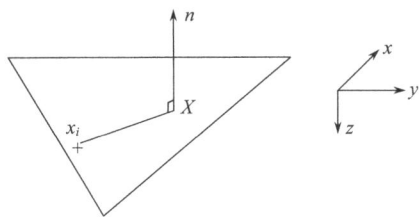

图 5.3　坐标为 x_i 的第 i 个源电极应该位于地表一个平坦三角形的内部区域，才能使方程(5.12)中的式子 $[(x - x_i) \cdot n = 0]$ 成立，式中 n 是三角形的法向向量

5.3　虚拟电位的误差

目前在直流电阻率问题中有两种方法可以用于提高测量电极 P 处电位的精确性，分别是全局网格修正和人工的基于节点的修正技术(Rücker et al., 2006)。全局网格修正由于时间消耗太大，不适合用于三维问题；人工的基于节点的网格修正技术可能是一个在测量电极处获得满足需求电位的合适方法。然而，这种方法可能会由于对复杂模型的电位分布的不正确理解而丢失精度。本节我们引入了一种面向目标自适应性的概念，不仅可以显著地增加数值解的精确性，而且也有一个最低的计算成本消耗。

首先，我们定义一个泛函 $\Lambda(U_i^r)$，这个泛函是虚拟电位 U_i^r 的函数，在包含所有测量电极的子域 $\Omega_s \in \Omega$ 内有效，它衡量的是在子域内的平均电位，如下所示：

$$\Lambda(U_i^r) = \frac{1}{V_s} \iiint_{\Omega_s} U_i^r \mathrm{d}v \tag{5.13}$$

式中，V_s 是子域的体积，我们将 $U_i^{r,h}$ 定义为虚拟电位 U_i^r 的有限元解，数值误差为

$$e_i = U_i^r - U_i^{r,h} \tag{5.14}$$

将式(5.14)代入式(5.13)中，我们可以得到对于第 i 个源电极 C_i 在子域产生的平均数值误差：

$$\Lambda(e_i) = \frac{1}{V_s} \iiint_{\Omega_s} e_i \mathrm{d}v \tag{5.15}$$

因为存在 c 个源电极，而我们的目标是在测量点 P 同时获得精确电位，所以总的误差是

$$\Lambda(\boldsymbol{e}) = \sum_{i=1}^{c} \Lambda(e_i) = \frac{1}{V_s} \iiint_{\Omega_s} \sum_{i=1}^{c} e_i \mathrm{d}v \tag{5.16}$$

将方程 (5.12) 乘以一个测试函数 $V \in H^1(\Omega)$，$H^1(\Omega)$ 是一个希尔伯特函数空间，其中 V 的幅度和它的梯度是有限的 (Brenner and Scott, 2007)，应用下面的格林恒等式：

$\iiint_{\Omega} V \nabla \cdot \sigma \nabla U_i^r \mathrm{d}v = \iint_{\partial \Omega} V(\sigma \nabla U_i^r \cdot \boldsymbol{n}) \mathrm{d}s - \iiint_{\Omega} \sigma \nabla V \cdot \nabla U_i^r \mathrm{d}v$，我们有：

$\iiint_{\Omega} \sigma \nabla V \cdot \nabla U_i^r \mathrm{d}v = \iint_{\partial \Omega} V(\sigma \nabla U_i^r \cdot \boldsymbol{n}) \mathrm{d}s + \iiint_{\Omega} V \nabla \cdot (\sigma - \sigma_0) \nabla U_i^s \mathrm{d}v$。

因为 $\partial \Omega = \Gamma_0 + \Gamma_1$，考虑式 (5.12) 中的边界条件，我们可以找到下面的唯一确定电位 U_i^r 的变分公式：

寻求 $U_i^r \in H^1(\Omega)$，所以 $b(V, U_i^r) = f(V), \quad \forall V \in H^1(\Omega)$ \hfill (5.17)

式中，$b(V, U_i^r) = \iiint_{\Omega} \sigma \nabla V \cdot \nabla U_i^r \mathrm{d}v + \iint_{\Gamma_1} \sigma \frac{\cos \langle \boldsymbol{r}_c, \boldsymbol{n} \rangle}{r_c} V U_i^r \mathrm{d}s$，

$f(V) = -\iint_{\Gamma_0} (\sigma V \nabla U_i^s \cdot \boldsymbol{n}) \mathrm{d}s + \iiint_{\Omega} V \nabla \cdot (\sigma - \sigma_0) \nabla U_i^s \mathrm{d}v$

$= -\iint_{\Gamma_0} (\sigma V \nabla U_i^s \cdot \boldsymbol{n}) \mathrm{d}s + \iint_{\partial \Omega = \Gamma_0 + \Gamma_1} V(\sigma - \sigma_0) \nabla U_i^s \cdot \boldsymbol{n} \mathrm{d}s - \iiint_{\Omega} (\sigma - \sigma_0) \nabla V \cdot \nabla U_i^s \mathrm{d}v$

$= -\iint_{\Gamma_0} (\sigma_0 V \nabla U_i^s \cdot \boldsymbol{n}) \mathrm{d}s + \iint_{\Gamma_1} V(\sigma - \sigma_0) \nabla U_i^s \cdot \boldsymbol{n} \mathrm{d}s - \iiint_{\Omega} (\sigma - \sigma_0) \nabla V \cdot \nabla U_i^s \mathrm{d}v$

式中，$b(,)$ 是一种双线性形式，$f()$ 表示线性源项，$\nabla U_i^s \cdot \boldsymbol{n}$ 在方程 (5.9) 中给出。

虚拟电位可用有限元模拟解 U_i^h 近似。有限元数值解的变分公式如下：

寻求 $U_i^h \in H_h^1(\Omega)$，所以 $b(V_h, U_i^h) = f(V_h), \quad \forall V_h \in H_h^1(\Omega) \in H^1(\Omega)$ \hfill (5.18)

在矩阵符号里，式 (5.18) 被改写为

$$\boldsymbol{A}\boldsymbol{u}_i = \boldsymbol{F}_i \tag{5.19}$$

式中，$\boldsymbol{A}$ 是系数矩阵；$\boldsymbol{F}_i$ 是对于第 i 个源电极的源矢量；$\boldsymbol{u}_i$ 是三维网格节点的离散电场值。高斯积分规则 (刘向红等，2012；Zhu et al., 2013) 可以用于计算上面系数矩阵和源矢量的体积分和面积分。

现在我们构造式 (5.17) 对应变分公式的对偶变分公式，其中线性源项 $f()$ 被线性平均误差 $\Lambda(e_i)$ 替代，也就是：寻求 $W \in H^1(\Omega)$ 使得

$$b(e_i, W) = \Lambda(e_i), \quad \forall e_i \in H^1(\Omega) \tag{5.20}$$

式中，如方程 (5.14) 中定义的，e_i 和 U_i^r 属于相同的函数空间。从方程 (5.17) 中我们知道测试函数 V 也属于 $H^1(\Omega)$ 函数空间，所以误差项 e_i 在空间 $H^1(\Omega)$ 中也是一

种测试函数。上面的变分公式是自动伴随的，它的解 W 独立于源电极。在矩阵符号里面，上面的变分公式可以被改写为

$$AW = \Lambda \tag{5.21}$$

式中，离散的影响函数在与方程(5.19)相同的网格中计算。

解 W 通常被归类为影响函数，通过方程(5.20)和(5.16)，我们可以估计基本单元上总的数值误差：

$$\Pi = |\Lambda(e)| \leqslant \sum_{i=1}^{c} |\Lambda(e_i)| = \sum_{i=1}^{c} |b(e_i, W)| = \sum_{i=1}^{c} |b(e_i, W_h + w)| = \sum_{i=1}^{c} |b(e_i, w)| \tag{5.22}$$

式中，W_h 是影响函数的有限元解，w 是它的数值误差，应用 Galerkin 正交性 $b(e_i, W_h) = 0$，式(5.22)可以被改写成：

$$\begin{aligned}\Pi &\leqslant \sum_{i=1}^{c} \sum_{k=1}^{n} |b_k(e_i, w)| = \sum_{i=1}^{c} \sum_{k=1}^{n} \iiint_{\Omega_k} |\sigma \nabla e_i \cdot \nabla w| dv \\ &= \sum_{k=1}^{n} \iiint_{\Omega_k} \sum_{i=1}^{c} |\sigma \nabla e_i \cdot \nabla w| dv = \sum_{k=1}^{n} \Pi_k\end{aligned} \tag{5.23}$$

式中，Ω_k 是第 k 个单元，n 是离散域 Ω 的单元数，源积分项相对于双线性形式中的体积分项可以忽略，Π_k 被引入作为基本误差指标。

数值误差的梯度 ∇e_i 和 ∇w 可以通过超收敛补丁技术恢复。这种技术(Zienkiewicz and Zhu, 1992b)可以快速估计上面两种数值误差，算法呈现线性时间复杂度。通过一个小邻元块的设置(也称为补丁)，一个小的线性方程组可以用于求解恢复的梯度。因为恢复的梯度比数值误差更精确，所以将其减去数值梯度后就得到梯度误差。

计算 Π_k 之后，我们定义一个相对误差指标：

$$\beta_k = \Pi_k / \Pi_{\max} \in (0, 1] \tag{5.24}$$

式中，$\Pi_{\max}$ 是所有误差指标里的最大值。

5.4　面向目标的网格自适应计算

设置参数 $t=1$，面向目标网格自适应性算法的步骤如下：

第一步：给出一个关于域 Ω 的初始三维三角化网格，我们通过解(5.19)和(5.21)这两个方程可以得到虚拟电位和影响函数。

第二步：对于每一个元 Ω_k，通过使用超收敛补丁恢复技术(Zienkiewicz and Zhu, 1992b; Li et al., 2013)，我们可以计算数值误差指标 Π_k 及总的误差 Π：

$$\Pi_k = \iiint_{\Omega_k} \sum_{i=1}^{c} |\sigma \nabla e_i \cdot \nabla w| dv$$

第三步：如果 $\Pi < \Pi^*$ 且 $t \leqslant T$（Π^* 是给出的最大误差容忍值，T 是叠加修正的最大次数）；然后我们需要计算单元相对误差 β_k，将 $\beta_k > \beta^*, \beta^* \in (0,1)$ 的单元标记好并除以 2，产生一个新的网格 Δ_{t+1}。用新网格替代旧网格，$t=t+1$，然后重复一到三步。

第四步：如果 $\Pi > \Pi^*$ 且 $t > T$，我们使用在网格 Δ_t 获得的虚拟电位和已知的奇异电位去计算总场。

如果我们在网格 Δ_t 上获得了所有源的总场，那么便可利用矩阵 U 去计算视电阻率：

$$M[U(P)] = \rho \tag{5.25}$$

式中，M 是一个映射符号，涉及简单的代数操作。

通过使用开源代码 Tetgen（Liu et al.，2011）将计算域 Ω 离散为一系列 Delaunay 四面体。在一个给出的三角化网格上，虚拟电位和影响函数有相同的稀疏对称系统矩阵 A。我们使用精确并有效的直接求解器 PARDISO（Storz et al.，2000；Dahlin et al.，2002；Intel，2011）获得它的 Cholesky 分解矩阵。然后，在每个给出的网格需要做 $c+1$（c 是源电极的数目）次正演去求出虚拟电位和影响函数。这是我们提出的另外一个关于多电极直流电阻率系统面向目标自适应性的值得注意的特点。

5.5 数值模拟及评价

5.5.1 虚拟场法对比总场方法

第一个例子是一个山脉峡谷模型。背景地下结构是电阻率为 $100\,\Omega\cdot m$ 的均匀结构。模型关于 x 轴和 y 轴对称，所以只展示了一个测量剖面，沿 x 轴设计。这个模型的几何结构如图 5.4 所示，点源位于 $x=10\mathrm{m}$ 处。从源电极开始，17 个测量电极以间隔为 10m 沿 x 轴的正方向布置。

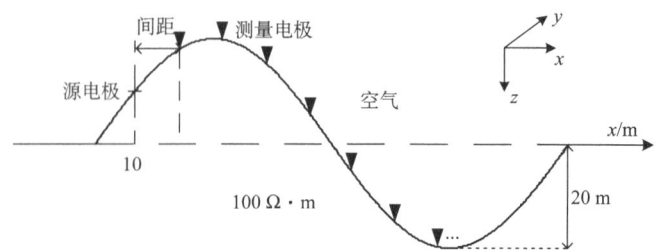

图 5.4 山脉峡谷的几何模型，山脉和峡谷中心对称，背景电阻率是 $100\,\Omega\cdot m$，这个山脉峡谷的地势关于 x 轴和 y 轴对称。源电极位于 $x=10\mathrm{m}$ 处。从源电极开始，17 个测量电极分别以 10m 的间距分布在 x 轴的正方向

这个例子的目的是证实由方程(5.12)提出的虚拟场法。因为这个模型没有可用的解析解，我们用之前总场方法(Li et al.，2013)做出的结果作为比较。图 5.5 中，通过虚拟场计算出的总场分布和总场法计算出的总场分布如图 5.5（彩图）所示，两种方法有很好的一致性。

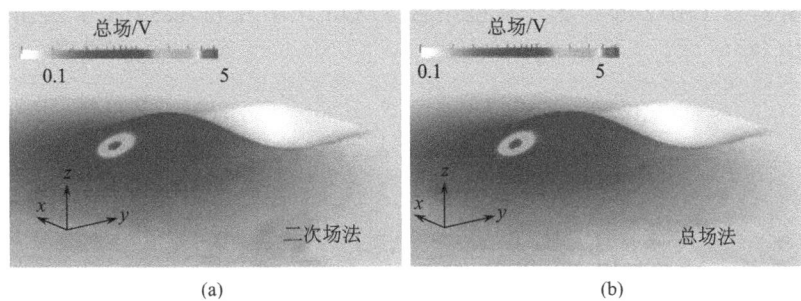

图 5.5　山脉峡谷地形，虚拟场计算出的总场分布(a)和总场法计算出的总场分布(b) (Li et al.，2013)局部图示，一个点源位于山脉表面，使附近的电场值很高。图中可以看出两种方法有很好的一致性，两种方法的网格参数如表 5.1 所示

对于定量的比较，沿测量剖面的视电阻率曲线如图 5.6 所示，在两种方法间最大的相对误差为 1.5%。此外，两种方法详细的网格参数如表 5.1 所示，表中的数据说明虚拟场法能用很小的计算成本获得精确的数值解。

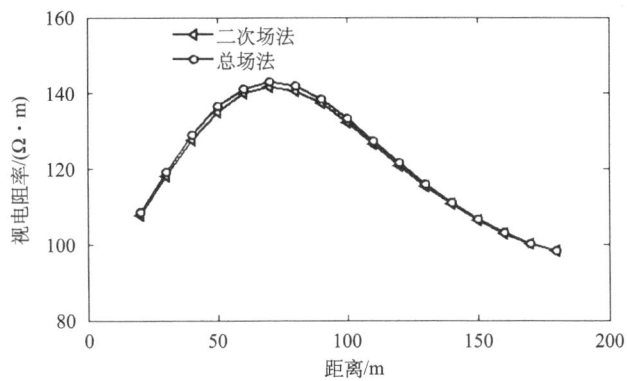

图 5.6　虚拟场法和总场法(Li et al.，2013)关于山脉峡谷模型的视电阻率曲线的比较，使用二级装置。采用 x 轴上测量电极与源电极之间的距离作为二级装置电极距

表 5.1　虚拟场法和总场法关于山脉峡谷模型的网格参数的比较

方法	节点数	单元数
虚拟场法	22925	120111
总场法	51160	266525

5.5.2 多电极系统

一个有 11 个电极的两层模型的剖面(如图 5.7 所示)被用于测试我们提出的关于多电极电阻率系统算法的精确性。顶层的深度是 5m，电阻率为 10Ω•m。底层电阻率为 100Ω•m。这个模型用含 77873 个节点和 423918 个四面体的网格离散化。

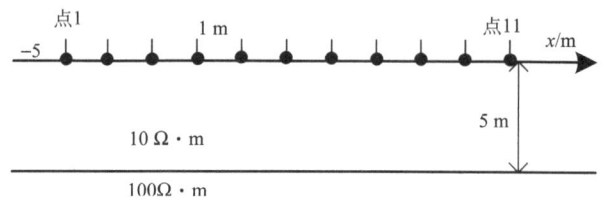

图 5.7 含 11 个电极的两层模型的几何剖面示意图

在剖面上，每个电极都会被选择作为源电极，注入幅度为 1A 的直流，然后在剩余的电极处测量电场。在图 5.8 中，我们展示了由总场矩阵 U 计算出的视电阻率。由于相互作用的理论，它应该是对称的，从图 5.8 上部我们可以看出。在主对角线上，总场是奇异的，所以视电阻率用 NaN 标记，在图 5.8 的下部，展示了相对误差。我们发现对角线往外的误差比主对角线上的更大，因为奇异性在我们的计算中已经去除了。

基于图 5.8 中展示的精确视电阻率的对称性，我们的算法是适合多电极系统的。

5.5.3 收敛速度

第二个例子是嵌在半空间的异常球体。球体半径是 2.25m，它的中心埋深是 4.5m，异常球体的电阻率是 10000Ω•m，背景半空间的电阻率是 100Ω•m。在源电极(0,0,0)处，将幅度为 1A 的直流注入地下。电极对称分布在 y 轴–5m 到 5m 的范围内，间隔为 0.25m。

这个异常球体的解析解(Chen et al., 2015)前人已给出。从一个初始的有 2707 个节点和 14244 个四面体的网格开始，我们的面向目标自适应修正算法产生一系列叠加改善的网格，从初始网格的解到第 5 次网格到第 10 次网格(网格参数和运行时间如表 5.2 所示)。如图 5.9 所示，面向目标自适应性算法解出的视电阻率向解析解叠加收敛。第 5 个网格有 7441 个节点和 42649 个四面体，最大相对误差是 0.35%，第 10 个网格，最大相对误差减少到 0.2%。

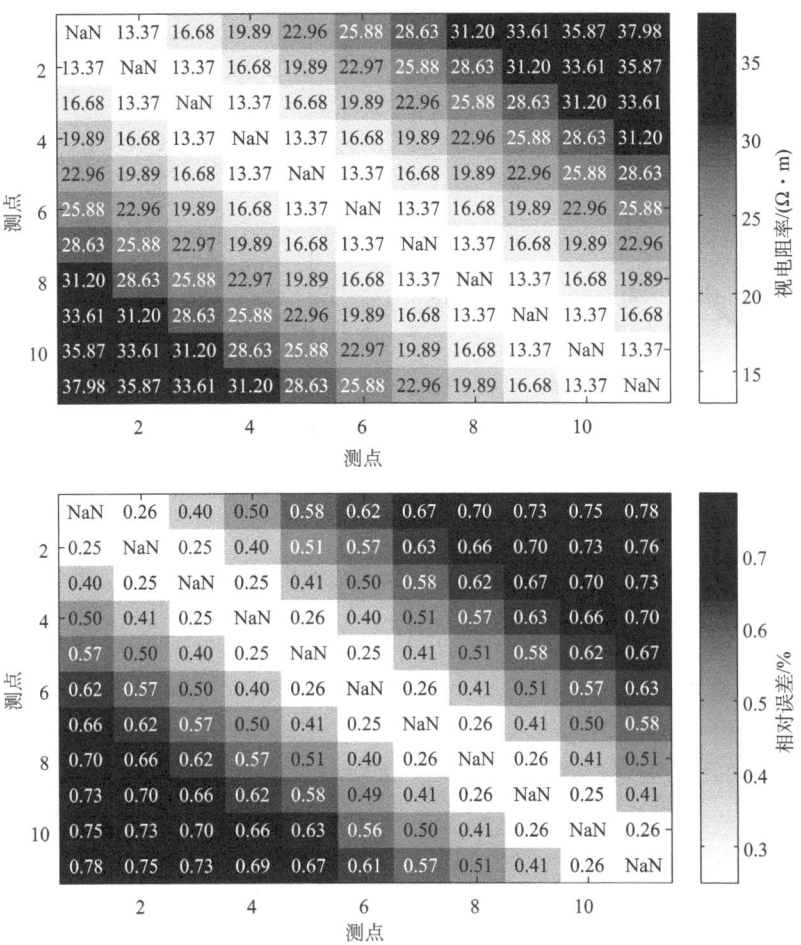

图 5.8 两层模型使用二级装置计算的视电阻率和相对误差，三角化网格有 77873 个节点和 423918 个四面体

表 5.2 三个关于异常球体的使用面向目标算法叠加修正的网格

	节点数	单元数
网格(1st)	2707	14244
网格(5th)	7441	42649
网格(10th)	30198	183938

为了深入解释数值解的有效收敛，我们仔细观察图 5.10（彩图），相对误差指标在平面 $x=0$ 上有关于第 5 次和第 10 次网格的图示。第 5 次网格上，地下靠近地表区域和球体的上部的 β_k 值很大，意味着在下一次叠加中，这些单元的密度

将要增加，这在第 10 次网格中实现了。

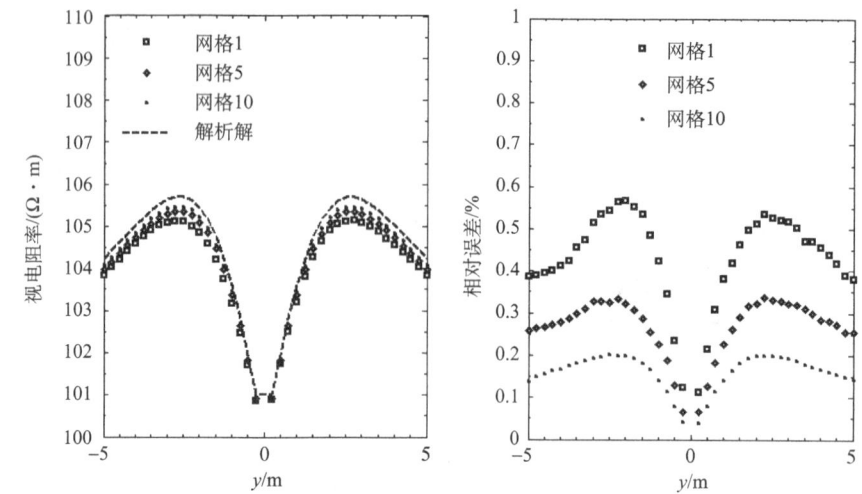

图 5.9 关于异常球体模型由面向目标算法计算出的数值解向解析解叠加收敛的说明

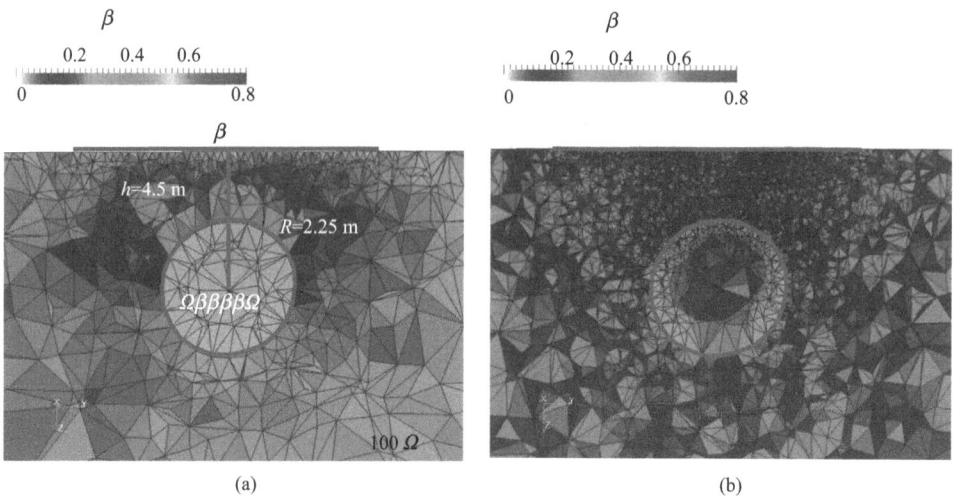

图 5.10 在面 $x=0$ 上关于异常球体模型的第 5 次和第 10 次网格的相对误差指标 β_k 的说明。源电极的坐标为 $(0,0,0)$。电极对称分布在 y 轴−5m 到 5m 的范围内，间隔为 0.25m。请注意 β_k 值大的区域在下一步叠加时网格需要被修正

5.5.4 处理复杂地电模型的性能

第四个例子包含两个被一个垂直分界面分割的 1/4 空间，其中一个嵌入一个立方块异常体，几何图形如图 5.11 所示。立方块的长度是 2m，它的 6 个表面平

行于 3 个坐标平面。立方块中心深度是 3m。左边的 1/4 空间电阻率是 10Ω•m，右边的 1/4 空间电阻率是 100Ω•m，导体立方体的电阻率是 10Ω•m。

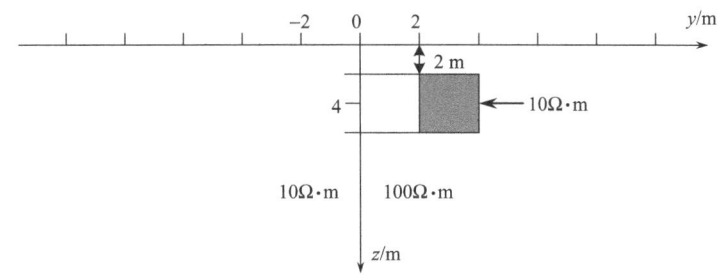

图 5.11　第四个模型的几何图，包含两个被一个垂直分界面分割的 1/4 空间，其中一个嵌入立方块异常体

这个模型采用了对称四极装置，两个源电极分别位于 $y=-3.4$ 和 $y=-2.6$ 处。$AB/2$ 变化范围为 0.5~100m，因为这个模型没有解析解，我们用四种不同的算法模拟了这个模型，分别是面向目标的有限元法、非面向目标有限元法、积分方程法、使用垂直分界面模型的解析解作为奇异电位的有限元法。计算出的视电阻率曲线如图 5.12 所示。积分方程法是一种半解析解方法，所以它的解可作为值得信赖的参考。从图 5.12 中我们可以看出，面向目标算法与积分方程的参考解有很好的一致性。特别地，在两条曲线的末端，面向目标算法相对其他两种算法，表现了更好的收敛性。

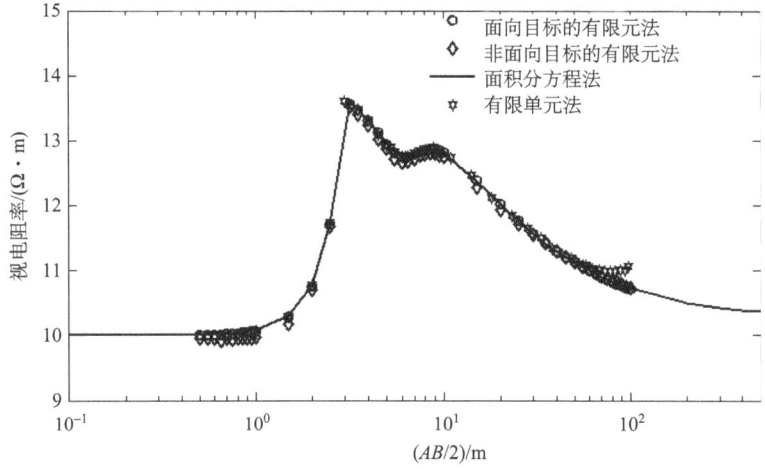

图 5.12　视电阻率在面向目标自适应有限元法、非面向目标自适应有限元法(Ren and Tang，2010)、积分方程法(Hvoždara and Kaikkonen，1994)、有限元法(Li and Spitzer，2002)的比较

5.6 本章小结

本章提出了一种新颖的面向目标的自适应有限元算法,用于模拟带任意地形的复杂直流电阻率问题。一个简单的奇异函数,即半空间模型的解,作为奇异电势值。减去这个简单的奇异函数,可导出一个关于多电极系统的能够处理任意地形的边值问题。统一的公式有一个优点,多电极模型可以很快被直接求解器求解,因为多电极模型共享一个系统矩阵。相比总场方法,本章提出的虚拟场法有更高的精确度,特别是源电极附近的解。

为了深入改善有限元方法的精确性,即求解上面提到的统一边值问题的同时保证计算成本最低,本章引入了一种面向目标修正策略。在这个自适应程序中,我们使用超收敛补丁技术为多源直流电阻率系统估计平均误差。基于提出的面向目标概念在虚拟场法中的可信赖性,我们的面向目标的算法在山脉峡谷模型中表现了很高的精确性,在异常球体模型中表现了快速有效的收敛,在嵌入导体立方块的复杂垂直对比模型中表现了强健的优势。

本章的方法和技术有效解决了多电极直流电阻率问题的最优化求解,但是还没有考虑地电模型的各向异性问题。地下电导率各向异性加剧了直流电阻率法的难度。在下一章,我们系统地研究了多电极、地下各向异性直流电阻率的高精度正演求解策略。

第6章 电阻率各向异性问题的自适应有限元法

6.1 理论背景

电导率各向异性在自然界广泛存在，例如，当遇到具有层理面的岩石或者裂缝等具有方向依赖性(Greenhalgh，2009)的物质结构时，各向异性具有宏观的尺度，不可忽略。为了利用含有各向异性特征的测量数据解释地下真实的电阻率结构，对于电导率反演成像至关重要的正演也需要能够处理电各向异性。对于一些简单的各向异性模型，有学者计算了均匀半空间倾斜各向异性介质中地电场的解析解(Habberjam，1975)以及各向异性层状介质的地电响应(Wait，1990；Li and Uren，1997b；Yin and Weidelt，1999；Yin and Maurer，2001)；然而当涉及地下复杂各向异性电导率分布时，我们只能寻求数值解法。目前主要有三种方法可以提供相应的数值解，分别是积分方程法(Li and Uren，1997b；Li and Stagnitti，2004)、有限差分法(Wang and Fang，2001；Hou et al.，2006)和有限元法(Bibby，1978；Li and Spitzer，2005；Wang et al.，2013)。另外，也有作者基于高斯正交网格采用修正的谱元法实现了2.5D/3D各向异性电阻率模拟(Zhou et al.，2009)。然而，如果考虑带地形的三维复杂电阻率结构，基于非结构化网格的有限元法成为更好的选择，在于非结构化网格可以拟合地形和复杂模型的结构，所以基于非结构化网格的有限元算法可以处理任意起伏地形复杂直流电阻率问题(Li and Pek，2008；Wang et al.，2013)。

在直流电阻率问题中，众所周知，源电极附近快速变化的电位导致源附近的数值误差很大，为了提高源附近的求解精度，一般采用二次场的求解策略(Lowry et al.，1989)。普通的二次场求解方法(Li and Spitzer，2002；Blome et al.，2009)要求一次场满足背景模型的边值问题，然而背景场带起伏地形时，一次场不存在解析解只能通过高阶有限元近似(Rücker et al.，2006)或其他需要付出较大计算成本的数值方法来计算。本章简单地采用各向异性均匀半空间的解析解(Li and Uren，1997；Penz et al.，2013)作为一次场，建立了直流电阻率各向异性问题的"虚拟场边界值问题"，即有效地去除了源奇异性现象，也正确地处理了任意起伏地形情况，从而达到精度的最优化方案。

为了达到速度的最优化方案，我们采用了面向目标的自适应有限元算法来求解上述新的"虚拟场边界值问题"。求解上述"虚拟场边界值问题"，可采用基于先验信息的人工有限元网格加密算法(Li and Spitzer，2002；Rücker et al.，2006)、基于后验误差估计的全局自适应有限元法(Babuška and Rheinboldt，1979；Zienkiewicz，2006；胡恩球等，1997，王建华等，2000)和面向目标的自适应有限元算法。对于复杂的模型，很难确定场变化剧烈程度等先验信息，从而难以设计出能够真实模拟复杂场变化的有限元网格，全局自适应有限元法(Franke et al.，2007，Ren and Tang，2010；任政勇，2007；任政勇和汤井田，2009；王飞燕，2009)采用全局的后验误差估计算法(Ainsworth and Oden，1997)，即所有的网格单元误差具有相同的权重，来达到降低全局网格上平均数值误差的目的。对于直流电阻率勘探问题来说，我们既需要降低全局网格的数值误差，更需要测量电极处的数值解达到足够的精度。全局自适应有限元法所导致的全局网格再分配方案往往不能有效提供测点附近的数值解精度，并且存在浪费计算资源的情况。面向目标的自适应有限元算法首次由Oden和Prudhomme提出(Oden and Prudhomme，2001)，通过增加测量区域的误差权重，从而达到大幅度提高测点处数值解精度的目的。由于其优越性，面向目标的自适应有限元算法在勘探地球物理领域得到越来越多的应用。Kerry和Weiss首先利用面向目标的自适应有限元算法解决了2D大地电磁问题(Kerry and Weiss，2006)。Li和Kerry利用面向目标的自适应有限元算法解决了2.5D可控源电磁问题(Li and Kerry，2007)。任政勇等利用面向目标的自适应有限元算法解决了3D大地电磁问题(Ren et al.，2013)。任政勇和汤井田利用面向目标的自适应有限元算法解决了3D直流电阻率各向同性问题(Ren and Tang，2014)。对于直流电阻率各向异性问题，目前最新的研究成果为Wang等于2013年提出的基于非结构化网格的有限元法(Wang et al.，2013)，本章提出的面向目标自适应有限元算法可看作高精度求解直流电阻率各向异性问题的进一步延伸。为了指导自适应算法的网格修正，首先我们考虑了两种后验误差估计手段，分别是基于电势梯度恢复的思想(Zienkiewicz and Zhu，1992)和基于电流密度法向的不连续性[也就是基于残差的后验误差估计(Babuška and Rheinboldt，1979；Ainsworth and Oden，1993)]。基于梯度恢复的估计方法又称为Z-Z方法(Zienkiewicz and Zhu，1987)简单容易实现；基于电流密度法向分量不连续性的误差估计方法则具有物理意义。在电阻率不连续分界面上，电流密度法向分量呈连续状态，由于网格的不合理性，有限元算法计算出的电流密度法向分量在电阻率不连续分界面上一般呈不连续状态。在前期的大地电磁问题研究中，我们发现基于这一物理现象构建出的后验误差估计算法具有非常优良的性能，能够有效计算出有限元解的数值误差，从而驱动网格的自适应加密。这一研究发现，也被Yin等成功应用于航空电磁法的高精度计算(Yin et al.，2016)。将面向目标的概念与全局的后验误差估计技术相结合，我们一共可以得到四种后验误差估计手段，其中两种为面向目标的后验误差估计方法，然后我们使用一些综合模型测试了这几种后验误差估计方法的精度和收敛率。

6.2 基于虚拟场的边值问题

如图 6.1 所示的模型，在 S_i 处注入电流 I，其引发电流密度 $J_i = J(x,y,z)$，基于全电流定律(Stratton，2007)，忽略位移电流，有

$$\nabla \times \boldsymbol{H}_i = \boldsymbol{\sigma}\boldsymbol{E}_i + \boldsymbol{J}_i \tag{6.1}$$

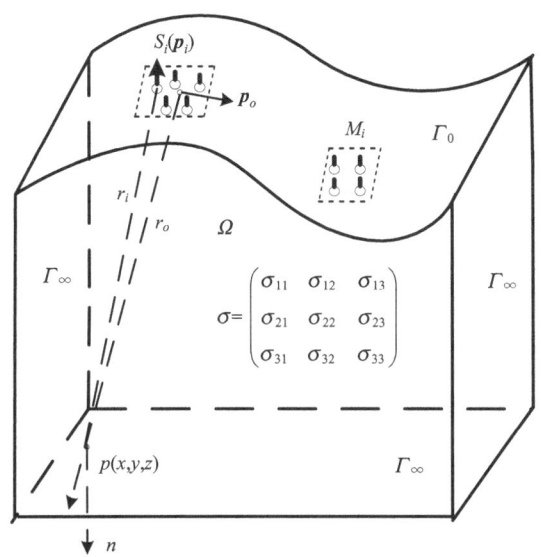

图 6.1 带地形三维直流各向异性电阻率模型图。$\varGamma_0$ 是地表面，$\varGamma_\infty$ 是无穷远边界，围绕封闭区域 $\varOmega$。$\{S_i\}$，$i=1,2,\cdots,s$ 和 $\{M_i\}$，$i=1,2,\cdots,m$ 分别表示源电极群和测量电极群，在地表面 $\varGamma_0$ 上，放置有 s 个源电极和 m 个测量电极，源电极 S_i 的坐标是 $\boldsymbol{p}_i$，点 $\boldsymbol{p}_o$ 是 S_i 源域的中心；$\boldsymbol{p},\boldsymbol{n}$ 分别表示边界 $\varGamma_\infty$ 上任一点及其对应的外法向量，$\boldsymbol{\sigma}$ 是地下介质的电导率张量，矢量 $\boldsymbol{r}_i$ 和 $\boldsymbol{r}_o$ 分别为：$\boldsymbol{r}_i = \boldsymbol{p} - \boldsymbol{p}_i$ 和 $\boldsymbol{r}_o = \boldsymbol{p} - \boldsymbol{p}_o$

对于任意各向异性的地下介质，式中 $\boldsymbol{\sigma}$ 是一个具有 6 个独立分量的张量，其各个分量的取值与测量坐标系(Greenhalgh，2009)有关，根据图 6.2 的描述：

$$\boldsymbol{\sigma} = \boldsymbol{R}\boldsymbol{\sigma}'\boldsymbol{R}^{\mathrm{T}} \tag{6.2}$$

式中，$\boldsymbol{\sigma}' = \begin{pmatrix} \sigma_1 & 0 & 0 \\ 0 & \sigma_2 & 0 \\ 0 & 0 & \sigma_3 \end{pmatrix}$，对角线上的元素表示电导率椭圆的主轴电导率，$\boldsymbol{R}$ 为主轴坐标系到测量坐标系的旋转矩阵，如果只考虑典型的 TI 介质，那么旋转矩阵的第三个旋转角可以忽略，设其为零即 $\gamma = 0°$，则旋转矩阵 $\boldsymbol{R}$ 为

$$\boldsymbol{R} = \begin{pmatrix} \cos\alpha\cos\beta & -\sin\beta & \sin\alpha\cos\beta \\ \cos\alpha\sin\beta & \cos\beta & \sin\alpha\sin\beta \\ -\sin\alpha & 0 & \cos\alpha \end{pmatrix} \tag{6.3}$$

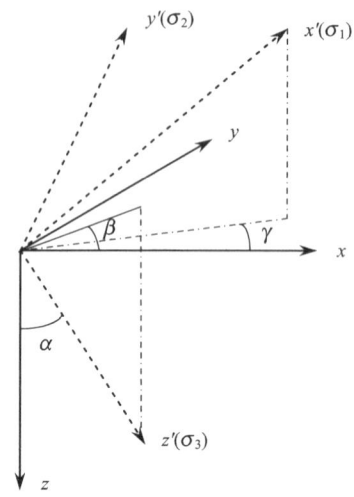

图 6.2 x, y, z 指测量坐标系，x', y', z' 指 $\boldsymbol{\sigma}$ 的主轴坐标系，对应的三主轴分别为 σ_1，σ_2，σ_3，三主轴与测量轴的夹角分别为倾角 α，方位角 β，摆角 γ（Greenhalgh，2009）

对方程(6.1)两边取散度，结合电荷守恒定律的微分形式 $\nabla \cdot \boldsymbol{J}_i = -\dfrac{\partial \rho}{\partial t}$ 和稳态场下电场强度和电势的关系 $\boldsymbol{E}_i = -\nabla U_i$，我们可以得到在 M_i 处关于电位 U_i 的控制方程：

$$\nabla \cdot (\boldsymbol{\sigma} \nabla U_i) = -I\delta(\boldsymbol{p} - \boldsymbol{p}_i) \tag{6.4}$$

由于源附近快速变化的场，直接求解总场会产生很大的数值误差，为了避免源的奇异性，我们采用特别的虚拟场法(Penz et al.，2013)，其中一次场采用各向异性均匀半空间的解析解，我们将总场分解为

$$U_i = U_i^s + U_i^y \tag{6.5}$$

式中，U_i^s，U_i^y 分别表示一次奇异场和剩余的二次场。在平滑的地表 Γ_0，如果 S_i 的邻域足够小，那么它可视作各向异性的均匀半空间，其电位解析解(Li and Uren，1997)有以下形式：

$$U_i^s = \dfrac{I|\boldsymbol{\rho}_o|^{1/2}}{2\pi} \dfrac{1}{\sqrt{B_{io}}} \tag{6.6}$$

式中，$B_{io} = \boldsymbol{r}_i^\mathrm{T} \cdot \boldsymbol{\rho}_o \boldsymbol{r}_i$，$\boldsymbol{\rho}_o$ 是源电极 S_i 附近邻域的张量电阻率，如果邻域足够小，

那么 ρ_o 可以假设为一个常张量，在实际计算中，将源电极邻域定义为一系列包含源电极 S_i 的小区域，常电阻率张量作为该邻域的平均电阻率。将总场减去邻域的奇异场，如图 6.3 所示，地表 Γ_0 与源电极 S_i 的切平面 Γ_s 之间剩余的电位，即阴影部分因为不满足地表的齐次诺依曼条件被命名为虚拟场。

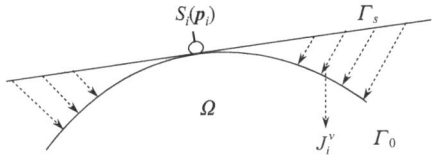

图 6.3　虚拟电势示意图，p_i 指代源电极 S_i 的位置，Γ_0 为地表起伏面，Γ_s 表示源电极邻域处与地表相切的平面，Ω 表示整个计算域，电流密度 J_i 减去奇异场产生的电流密度 J_i^s 得到虚拟电流密度 J_i^v

与求取总场的控制方程类似，我们可以得到源电极 S_i 产生的奇异场所满足的分布方程：

$$\nabla \cdot \left(\boldsymbol{\sigma}_0 \nabla U_i^s\right) = -I\delta(\boldsymbol{p} - \boldsymbol{p}_i) \tag{6.7}$$

将式 (6.7) 与式 (6.5) 代进方程 (6.4) 定义的总场满足的控制方程，我们可以得到虚拟电势满足的微分方程：

$$\nabla \cdot \left(\boldsymbol{\sigma} \nabla U_i^v\right) = -\nabla \cdot \left[\left(\boldsymbol{\sigma} - \boldsymbol{\sigma}_0\right) \nabla U_i^s\right] \tag{6.8}$$

源电极 S_i 向地下供电时由于空气无穷大的电阻率，没有电流通过地表流到空气中，所以地表电位的诺依曼条件成立：

$$\boldsymbol{n} \cdot \nabla U_i = 0 \tag{6.9}$$

式中，$\boldsymbol{n}$ 是地表外法向向量。将式 (6.5) 代入式 (6.9)，在地表 Γ_0，我们有

$$\boldsymbol{n} \cdot \boldsymbol{\sigma} \nabla U_i^v = -\boldsymbol{n} \cdot \boldsymbol{\sigma} \nabla U_i^s \tag{6.10}$$

在各向异性均匀半空间介质中，位于平滑地表的点电源 S_i 在无穷远边界 Γ_∞ 上产生的总场电位 (Li and Uren, 1997) 如下式所示：

$$U_i = \frac{I|\boldsymbol{\rho}|^{1/2}}{2\pi} \frac{1}{\sqrt{B_i}} \tag{6.11}$$

式中，I 为点电流强度，电阻率张量 $\boldsymbol{\rho} = \boldsymbol{\sigma}^{-1}$，$B_i = \boldsymbol{r}_i^{\mathrm{T}} \cdot \boldsymbol{\rho} \boldsymbol{r}_i$，在无穷远边界 Γ_∞ 上，地形以及不均匀电导体的影响可以忽略，类比各向同性的情况 (Dey and Morrison, 1979)，我们假设电势以如下的形式衰减：

$$U_i = C \frac{1}{\sqrt{B_i}} \tag{6.12}$$

式中，C 是一个常数。结合总场的分解方程(6.5)和一次场的表达式(6.6)，我们得到位于边界 Γ_∞ 上关于虚拟场的混合边界条件：

$$\boldsymbol{n}\cdot\boldsymbol{\sigma}\nabla U_i^v+\frac{\boldsymbol{n}\cdot\boldsymbol{r}}{B_i}U_i^v=-\frac{\boldsymbol{n}\cdot\boldsymbol{r}}{B_i}U_i^s-\boldsymbol{n}\cdot\boldsymbol{\sigma}\nabla U_i^s \tag{6.13}$$

综上所述，对于源电极 S_i，关于虚拟场的边值问题如下所示：

$$\begin{cases} \nabla\cdot\left(\boldsymbol{\sigma}\nabla U_i^v\right)=-\nabla\cdot\left[(\boldsymbol{\sigma}-\boldsymbol{\sigma}_0)\nabla U_i^s\right] & \boldsymbol{p}\in\Omega \\ \boldsymbol{n}\cdot\boldsymbol{\sigma}\nabla U_i^v=-\boldsymbol{n}\cdot\boldsymbol{\sigma}\nabla U_i^s & \boldsymbol{p}\in\Gamma_0 \\ \boldsymbol{n}\cdot\boldsymbol{\sigma}\nabla U_i^v+\dfrac{\boldsymbol{n}\cdot\boldsymbol{r}}{B_i}U_i^v=-\dfrac{\boldsymbol{n}\cdot\boldsymbol{r}}{B_i}U_i^s-\boldsymbol{n}\cdot\boldsymbol{\sigma}\nabla U_i^s & \boldsymbol{p}\in\Gamma_\infty \end{cases} \tag{6.14}$$

基于虚拟场的微分方程(6.14)，由伽辽金(Galerkin)有限单元法(Zienkiewicz and Taylor, 2000)，可得

$$\iiint_\Omega \left\{\nabla\cdot\left(\boldsymbol{\sigma}\nabla U_i^v\right)+\nabla\cdot\left[(\boldsymbol{\sigma}-\boldsymbol{\sigma}_0)\nabla U_i^s\right]\right\}T\mathrm{d}\Omega=0 \tag{6.15}$$

式中，T 是一个测试函数，且 T 属于希尔伯特函数空间 $H^1(\Omega)$ (Brenner and Scott, 2007)，该空间中函数及其梯度都是有限的，应用格林恒等式再代入边界条件(6.14)，将虚拟场在各个单元上应用线性形函数插值，采用形函数作为测试函数 T，且当点 $\boldsymbol{p}$ 位于无穷远边界 Γ_∞ 上，即距 $\boldsymbol{p}_i$ 足够远时，$\boldsymbol{r}_i\approx\boldsymbol{r}_o$，这样便可忽略单个源的特殊性，从而形成适用于多源系统的线性方程组(Ren and Tang, 2014)：

$$\boldsymbol{K}U_i^v=\boldsymbol{F}_i \tag{6.16}$$

式中，$\boldsymbol{K}$ 是所有源共用的系数矩阵，$\boldsymbol{F}_i$ 是只与源 S_i 有关的右端项，他们都包含各个单元的面积分和体积分，我们使用开源代码 TetGen(Si and TetGen, 2006)将模型域剖分成 Delaunay 四面体网格，采用高斯积分规则(Zhu et al., 2013)计算各个积分项，最后使用基于 Intel MKL(Intel, 2011)的精确高效的直接 LU 求解器 PARDISO(Dahlin et al., 2002)求解大型稀疏矩阵线性方程组。$\boldsymbol{K}$ 和 $\boldsymbol{F}_i$ 具体表达式如下：

$$\begin{cases} K=\sum\limits_e K^e \ \& \ K_{jk}^e=\iiint_{\Omega^e}\nabla^\mathrm{T}N_j\cdot\boldsymbol{\sigma}\nabla N_k^\mathrm{T}\mathrm{d}\Omega+\iint_{\Gamma_\infty^e}\dfrac{\boldsymbol{n}\cdot\boldsymbol{r}_o}{B_o}N_jN_k^\mathrm{T}\mathrm{d}\Gamma \\ F_i=\sum\limits_e F_i^e \ \& \ F_{i,j}^e=\iiint_{\Omega^e}\nabla^\mathrm{T}N_j\cdot(\boldsymbol{\sigma}_0-\boldsymbol{\sigma})\nabla U_i^s\mathrm{d}\Omega-\iint_{\Gamma_0^e}\boldsymbol{n}\cdot\boldsymbol{\sigma}_0\nabla U_i^s N_j\mathrm{d}\Gamma \\ \quad-\iint_{\Gamma_\infty^e}\left(\dfrac{\boldsymbol{n}\cdot\boldsymbol{r}_i}{B_i}U_i^s+\boldsymbol{n}\cdot\boldsymbol{\sigma}_0\nabla U_i^s\right)N_j\mathrm{d}\Gamma \end{cases} \tag{6.17}$$

式中，$B_i=\boldsymbol{r}_i^\mathrm{T}\cdot\boldsymbol{\rho}\boldsymbol{r}_i \ \& \ B_o=\boldsymbol{r}_o^\mathrm{T}\cdot\boldsymbol{\rho}\boldsymbol{r}_o$。

6.3 后验误差估计及面向目标自适应方案

TetGen 产生的初始网格并不能保证有限元数值解达到足够的精度，我们需要估计计算误差并对初始网格进行修正以得到更优网格。目前自适应有限元方法中主要存在两类后验误差估计技术，分别是基于梯度恢复技术的后验误差估计方法和基于残差的后验误差估计方法(Ainsworth and Oden，1997)。残差型的后验误差估计技术利用局部区域的残值(Ainsworth and Oden，1993)来估计后验误差，这里我们采用由数值误差引起的边界条件的不连续性来估计单元的基本误差，这些数值误差来源有模型误差、网格离散误差、线性形函数插值误差等因素。在计算区域 Ω 上我们假定一个网格单元为 Ω_k，它的一个邻元为 Ω_k^{ne}，我们将 Ω_k 和 Ω_k^{ne} 上的电导率和电势分别用 $\sigma,\sigma^{ne},U_i,U_i^{ne}$ 标记。在他们的共面上，其上电流密度的不连续性可以表示如下(Stratton，2007)：

$$[\bm{n}\cdot\bm{J}]_{i,F_j}^2 = \frac{1}{2}\iint_{F_j}\left|\bm{n}\cdot\left(\sigma\nabla U_i - \sigma^{ne}\nabla U_i^{ne}\right)\right|^2 \mathrm{d}s \quad (6.18)$$

式中，$[\cdot]$ 表示 $L2$ 范数操作；$\bm{n}$ 为由单元 Ω_k 指向单元 Ω_k^{ne} 的单位法向量；i 表示源 S_i；F_j 表示单元 Ω_k 的第 j 个邻面，据此我们可以计算网格单元的基本残差 E_k：

$$E_k = \sum_{i=1}^{s} E_i^k = \sum_{i=1}^{s}\sum_{j=1}^{m}[\bm{n}\cdot\bm{J}]_{i,F_j} \quad (6.19)$$

式中，s，m 分别指代源的数量、单元 Ω_k 邻面的个数。

相比残差型的后验误差估计技术，基于梯度恢复的估计方法[又称为 Z-Z 方法，由(Zienkiewicz and Zhu，1987)首次提出]更加简单、容易实现，在具体应用中将恢复后的梯度减去有限元数值解梯度便可估计电位的梯度误差，在所有的梯度恢复技术中，其中基于超收敛小块恢复技术的 Z-Z 方法具有公认的优越性 (Ainsworth et al.，1989；Zienkiewicz and Zhu，1992)，原因在于相同的四面体单元内应用 SPR(super convergence patch recovery)技术恢复的电位梯度比有限元数值梯度具有更高一阶的收敛性(Zienkiewicz and Taylor，2000)，其一般的形式(Ren and Tang，2010)可以表示为

$$E_k = \sum_{i=1}^{s} E_i^k = \sum_{i=1}^{s}\iiint_{\Omega_k}\left(\nabla U_i^R - \nabla U_i^h\right)^{\mathrm{T}}\left(\nabla U_i^R - \nabla U_i^h\right)\mathrm{d}\Omega \quad k=1,2,\cdots,n \quad (6.20)$$

式中，∇U_i^R，∇U_i^h 分别为恢复后的梯度、有限元的数值梯度。

为了显著提高测量剖面附近的数值精度，应用面向目标的概念(Oden and Prudhomme，2001)，可由此导出面向目标的后验误差。

大型线性方程组(6.16)可以写成双线性形式：
$$b(T, U_i^v) = S(T) \tag{6.21}$$

式中，$U_i^v, T \in H^1(\Omega)$，$H^1(\Omega)$ 表示希尔伯特函数空间（Brenner and Scott，2007），其中 $b(T, U_i^v)$ 表示未知项，$S(T)$ 表示源项，两者表达式如下：

$$\begin{cases} b(T, U_i^v) = \iiint_\Omega \nabla^T T \cdot \boldsymbol{\sigma} \nabla U_i^v \mathrm{d}\Omega + \iint_{\Gamma_\infty} \dfrac{\boldsymbol{n} \cdot \boldsymbol{r}_i}{B_i} T U_i^v \mathrm{d}\Gamma \\ S(T) = \iiint_\Omega \nabla^T T \cdot (\boldsymbol{\sigma}_0 - \boldsymbol{\sigma}) \nabla U_i^s \mathrm{d}\Omega - \iint_{\Gamma_0} \boldsymbol{n} \cdot \boldsymbol{\sigma}_0 \nabla U_i^s T \mathrm{d}\Gamma \\ \quad - \iint_{\Gamma_\infty} \left(\dfrac{\boldsymbol{n} \cdot \boldsymbol{r}_i}{B_i} U_i^s + \boldsymbol{n} \cdot \boldsymbol{\sigma}_0 \nabla U_i^s \right) T \mathrm{d}\Gamma \end{cases} \tag{6.22}$$

通过构造虚拟场变分公式(6.21)的对偶问题可以得到影响函数 W（Ren and Tang，2014）的分布。应用对偶加权误差估计法（Oden and Prudhomme，2001），为了构造式(6.21)的对偶变分，我们定义误差项 $E(e^U)$（Ren and Tang，2014）：

$$E(e^U) = \frac{1}{V_M} \iiint_{\Omega_M} \sum_{i=1}^s e_i^U \mathrm{d}\Omega \tag{6.23}$$

式中，e_i^U 指代源 S_i 产生的虚拟场有限元数值解的误差；$E(e^U)$ 是虚拟电位 U_i^v 总的数值误差项的函数，它衡量的是在子域 Ω_M 内虚拟电位的平均误差，在实际计算中我们将包含所有测点邻域的区域作为子域 Ω_M。将方程(6.21)中源项 $S(T)$ 用误差项 $E(e^U)$ 替换，并基于偶函数 $b(,)$ 自动伴随的特征，我们可以得到下面的变分形式：

$$b(e^U, W) = E(e^U) \tag{6.24}$$

式中，$W \in H^1(\Omega)$，W 被称为影响函数（Oden and Prudhomme，2001），它对产生面向目标的概念起着关键作用，式(6.24)可以写成矩阵形式：

$$\boldsymbol{KW} = \boldsymbol{E} \tag{6.25}$$

所以影响函数 $\boldsymbol{W}$ 离散解与 U_i^v 的有限元数值解具有相同的系数矩阵 $\boldsymbol{A}$，它的计算基于和 U_i^v 相同的网格。

经过换算，影响函数的变分公式(6.24)对应的微分形式为

$$\begin{cases} \nabla \cdot (\boldsymbol{\sigma} \nabla W) = -I \delta(\Omega_M) / V_M & \boldsymbol{p} \in \Omega \\ \boldsymbol{n} \cdot \boldsymbol{\sigma} \nabla W = 0 & \boldsymbol{p} \in \Gamma_0 \\ \boldsymbol{n} \cdot \boldsymbol{\sigma} \nabla W + \dfrac{\boldsymbol{n} \cdot \boldsymbol{r}}{B} W = 0 & \boldsymbol{p} \in \Gamma_\infty \end{cases} \tag{6.26}$$

由上式我们可以看出影响函数W具有满足地表齐次诺依曼条件的电位分布，如果考虑所有测量电极处的误差项，则是在所有测量电极所在的子域中分别注入单位幅度电流I，在整个域Ω所产生的电位分布，如图6.4所示。

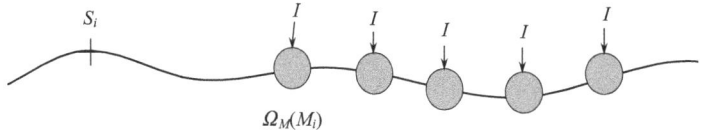

图6.4　影响函数来源机制

将W分成数值解W^{FEM}和误差项e^W，基于方程(6.24)，我们可计算测量剖面总的数值误差Θ为

$$\Theta = E(e^U) = \sum_{i=1}^{s} E(e_i^U) = \sum_{i=1}^{s}\left|b(e_i^U,W)\right| = \sum_{i=1}^{s}\left|b(e_i^U,W^{FEM}) + b(e_i^U,e^W)\right| \quad (6.27)$$

基于Galerkin正交性(Brenner and Scott，2007)，忽略双线性形式$b(,)$[式(6.22)]中的面积分项，我们有

$$\Theta = \sum_{i=1}^{s}\left|b(e_i^U,e^W)\right| \approx \sum_{k=1}^{n}\sum_{i=1}^{s}\iiint_{\Omega_k}\left|(\nabla e_i^U)^{\mathrm{T}}\cdot\boldsymbol{\sigma}(\nabla e^W)\right|\mathrm{d}\Omega = \sum_{k=1}^{n}\Theta_k \quad (6.28)$$

式中，Θ_k用于衡量每个单元的基本误差，利用柯西不等式(Brenner and Scott，2007；Ren et al.，2013)，式(6.28)变为

$$\Theta_k \leqslant \sqrt{\sum_{i=1}^{s}\iiint_{\Omega_k}\left|(\nabla e_i^U)^{\mathrm{T}}\cdot\boldsymbol{\sigma}(\nabla e_i^U)\right|\mathrm{d}\Omega} \cdot \sqrt{\iiint_{\Omega_k}\left|(\nabla e^W)^{\mathrm{T}}\cdot\boldsymbol{\sigma}(\nabla e^W)\right|\mathrm{d}\Omega} \quad (6.29)$$

我们将式(6.29)对后验误差的估计策略记为：GZ，使用更加简洁的表达，式(6.29)可写成更加精炼的形式：

$$\Theta_k \leqslant \Theta_k^U \cdot \Theta_k^W \quad (6.30)$$

式中，Θ_k^U，Θ_k^W分别反映了虚拟场的误差和影响函数的误差，由图6.4我们意识到在测量区域附近影响函数的变化十分迅速，所以相对其他区域，测量剖面由于影响函数产生的误差Θ_k^W也会更大，所以方程(6.30)表明在考虑了全局数值误差的基础上，使测量区域的单元误差在所有单元中占有更高的权重，从而有目的地加密测量电极处的网格，在后面的模型计算中我们将会佐证这一点。基于梯度恢复技术，我们可以估计方程(6.30)对应的误差，即计算式(6.29)，值得注意的是该式中包含了电导率参数。如果我们采用残差型的后验误差估计技术来计算Θ_k^U，Θ_k^W，即用式(6.19)来分别估计相同网格单元上虚拟场和影响函数场的误差，那我们将得到新的后验误差估计策略：GJ。如果使影响函数的误差 Θ_k^W 恒等于 1，分别采用后验误差估计器(6.19)和(6.20)来估计虚拟场的误差 Θ_k^U，则可以得到两种常规的后验误差估计策略，分别记作：NJ 和 NZ，前者计算电流密度的法向分量的不连续性，后者基于电势梯度恢复。比较误差估计方法 NZ 和 NJ，他们都属于全局的后验误差估计手段，他们计算出的单元误差 Θ_k 在整个计算区域 Ω 具有相同的权重，即对每个单元 Ω_k 是同等对待的，这就是常规的后验误差估计方法和面向目标估计策略的区别之处。为了比较各种后验误差估计策略的优劣，我们将全局网格修正策略(G)(Ren et al.，2013)也加入其中，即不计算网格后验误差，直接对所有的网格单元进行同等的加密。

对上面提到的所有误差估计方案做一个总结，我们可以得到五种后验误差估计策略，如表 6.1 所示。

表 6.1 五种后验误差估计策略的差异

误差估计策略	基本原理	面向目标
G	全局单元同等加密	否
NJ	计算电流密度法向分量不连续性	否
GJ	计算电流密度法向分量不连续性	是
NZ	基于 SPR 技术	否
GZ	基于 SPR 技术	是

计算单元误差 Θ_k 之后，为了实现特定单元的网格加密，我们定义一个单元相对误差指标(Ren and Tang，2014)：

$$\beta_k = \Theta_k / \Theta_{\max} \tag{6.31}$$

式中，$\Theta_{\max}$ 是所有单元误差中的最大值，标记单元相对误差 β_k 大于设定的阈值 β_s 的网格单元，在下一次网格再生中进行加密，可以通过设置更小的阈值 β_s 来增加每次网格修正的单元以缩减算法的收敛时间。

图 6.5 的流程图给出了自适应算法(Ren and Tang，2014)的具体实现。

本节算法的终止条件包含总的单元数值误差阈值、最大允许迭代次数、最多未知数个数，我们通常使用后两者作为程序的终止条件。如果循环终止条件达到要求，获得基于最终网格的虚拟场，加上奇异场电位便可得到测量电极处的总场，然后可计算不同排列装置的标量视电阻率或张量视电阻率(Bibby，1986；Bibby and Hohmann，1993)。

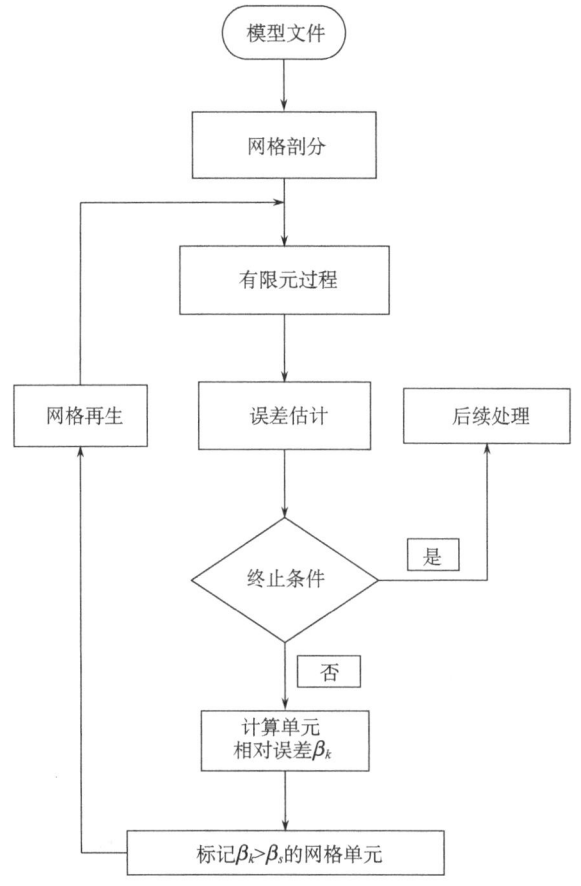

图 6.5 网格自适应修正程序流程图

6.4 数值模拟及评价

6.4.1 各向异性悖论

本节算例的运行平台为：Intel(R)Core(TM)i5-4590 CPU @3.30GHz(4 cores)，内存 8GB RAM。我们首先采用各向异性的两层模型来验证代码的精度，如图 6.6 所示，两层介质具有相同的水平各向异性(Li and Spitzer，2005)，参照解析解(Wait，1990)，我们计算得到了测量剖面的视电阻率和相对误差曲线图，如图 6.7 所示，五种自适应加密策略都可以实现高精度计算，最大误差小于 1%。

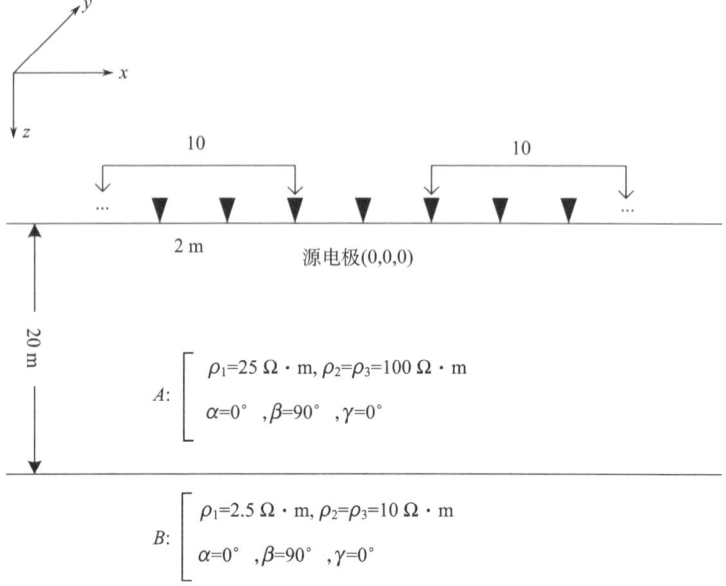

图 6.6 两层模型示意图，采用 pole-pole 装置，源电极位于坐标原点，两侧沿 x 轴各以 2m 间距布设 10 个测量电极，A，B 分别表示两层的主轴电导率及三个欧拉角，A、B 中各参数意义参看图 6.2

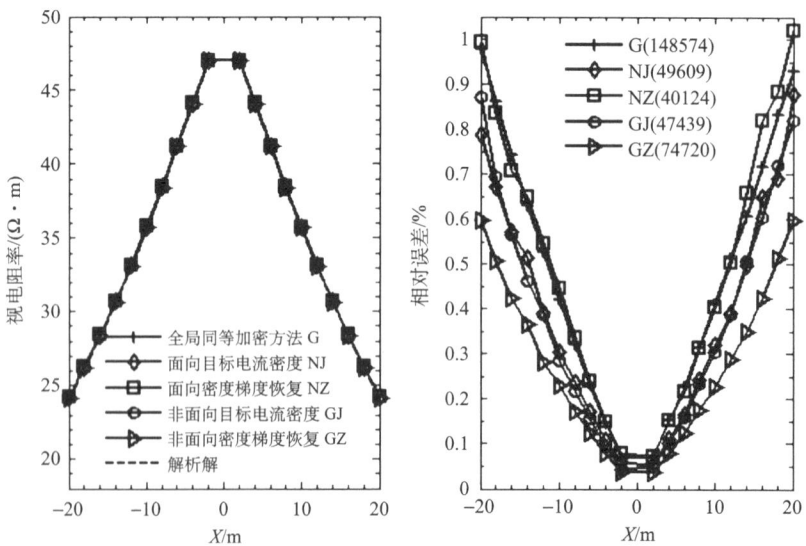

图 6.7 五种自适应加密方法在两层模型中的精度验证，右图括号中的数字表示网格节点的个数

图 6.8(a)展示了随倾角 α 变化的各向异性悖论，其模型电阻率参数中方位角 $\beta=45°$，其余参数与图 6.6 一致，随着倾角的增大，各向异性悖论的影响逐渐减少，直到倾角为 90° 时各向异性悖论消失，此时地层呈现垂直各向异性，在地表已经测量不到各向异性的信息。图 6.8(b)展示了随极距变化的各向异性悖论，测量极距越大，各向异性椭圆的半径越小即视电阻率越小，逐渐反映第二层的电阻率情况。图 6.8(a)和图 6.8(b)从物理特性上佐证了代码的可靠性。

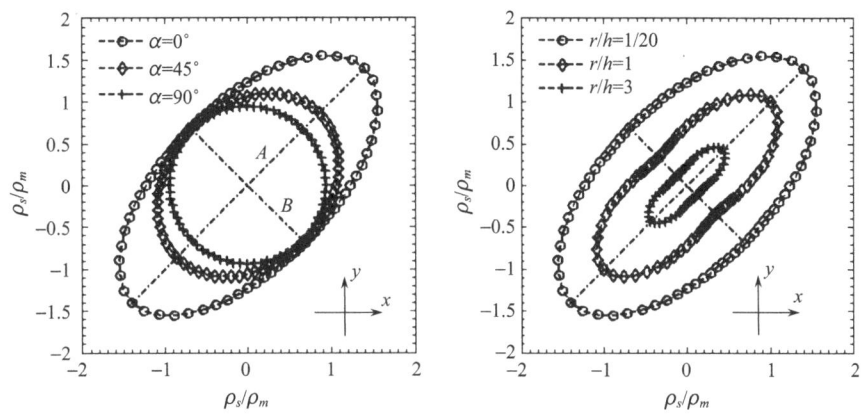

图 6.8 (a)随不同倾角 α 变化的各向异性悖论，A、B 分别表示地层的倾向和走向，ρ_s/ρ_m 表示沿不同方向测量得到的视电阻率除以第一层横向电阻率和切向电阻率的几何平均值，(b)随极距 r/h 变化的各向异性悖论，其中 r 为二级装置的极距，h 为第一层的深度

6.4.2 最优化后验误差估计选择

下面我们采用均匀半空间中嵌入一个水平各向异性的立方块(图 6.9)来测试五种自适应加密策略的收敛性，计算结果如图 6.10 所示。我们将 Global mesh refinement G 加密至网格节点数高达 10177092 的数值解作为拟解析解，在双对数坐标下测量剖面的平均误差随节点数的变化率衡量几种自适应加密策略的优劣，该模型中单元相对误差 $\beta_k=0.05$。

图 6.10 中在曲线的起始部分，非面向目标和面向目标的算法都比全局网格同等加密的方法具有更好的收敛性，经过几次迭代之后，非面向目标的收敛曲线逐渐变缓，在后期收敛速度比全局网格同等加密的方式更慢，并逐渐落后于三维线性均匀网格的有限元理论收敛曲线(Zienkiewicz and Zhu, 1987)；而面向目标的两种方法都表现出相对强健的性能，两者一直保持超收敛的曲线斜率，其中基于电流密度法向分量不连续性条件的算法在前期比基于超收敛梯度恢复技术的算法收敛更快，在后期则是后者表现出更好的优越性。

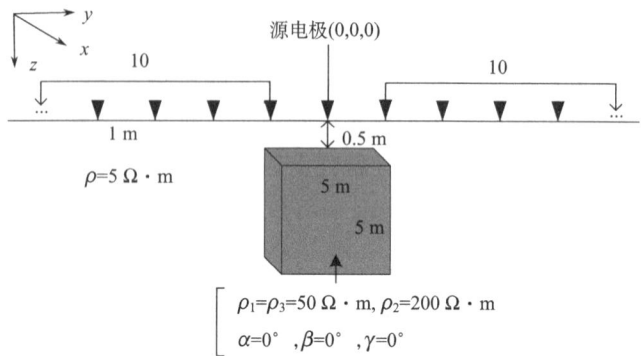

图6.9 各向同性均匀半空间中嵌入一个边长为5m的各向异性立方块,将源置于坐标原点,在源两侧沿 y 轴方向以 1m 的间隔各布置 10 个测量电极

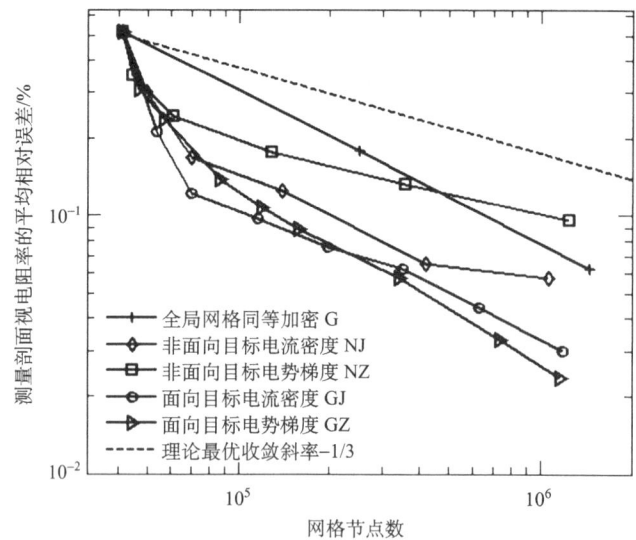

图6.10 几种自适应网格修正策略的测量剖面平均误差收敛率的比较,虚线表示 3D 线性均匀网格下可以获得的理论收敛率(Zienkiewicz and Zhu,1987)

我们可以从图 6.11(彩图)网格密度分布中清晰地分析各种加密策略的特性。图 6.11(a)、(c)、(e)、(g)分布表示四种不同后验误差估计方法最后一次修正网格(未知数均在一百万左右)单元相对误差的网格密度分布,图 6.11(b)、(d)、(f)、(h)则是白色框标记的局部放大视图。对于非面向目标的后验误差估计器,基于 SPR 技术的 NZ[图 6.11(a)、(b)]注重整个异常区域并对其进行了详细的剖分,对于远离异常体的区域则网格较为稀疏,这些区域线性插值的场可以拟合场的变化,

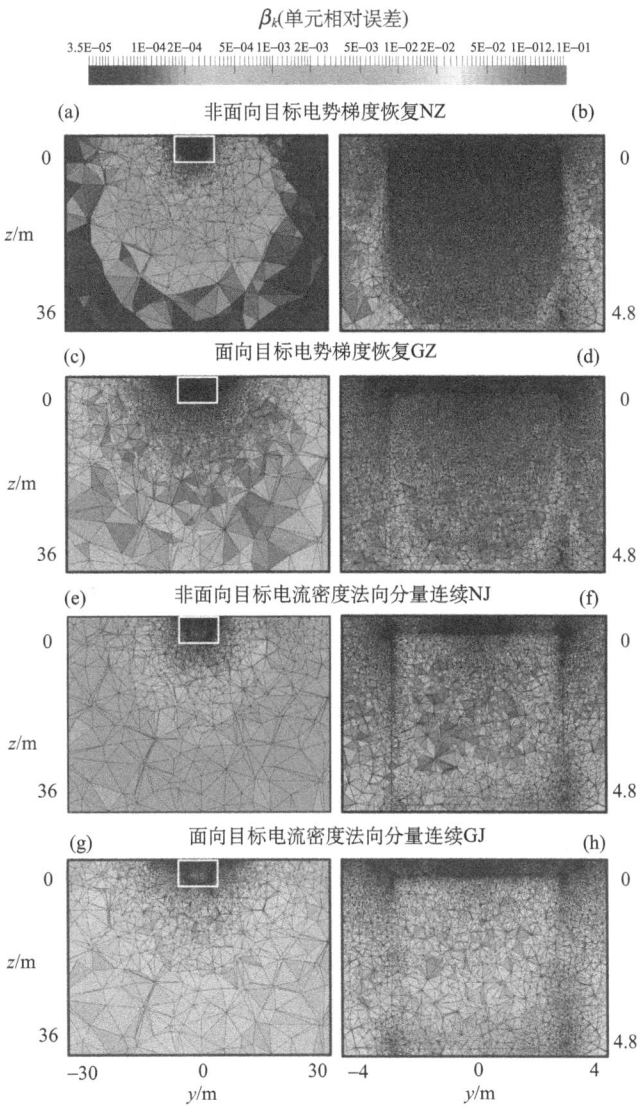

图 6.11 均匀半空间中埋藏单个立方块模型的切片 $x=0$ 的相对单元误差 β_k 的网格密度分布,(a)表示通过非面向目标的方法 NZ 计算得到的最后一次网格单元相对误差的局部网格密度分布图,(b)表示(a)中白色框标记区域的放大视图,类似的图(c)和(d)由面向目标的方法 GZ 计算得到,图(e)和(f)由非面向目标的方法 NJ 计算而来,图(g)和(h)由面向目标的方法 GJ 求解得到

而基于电流密度法向分量不连续性的 NJ[图 6.11(e)、(f)]则更侧重于加密异常体与围岩的界面，因为电导率分界面上由急剧变化的场导致电流密度法向分量的数值误差相对更大，对于存在高对比度界面的情形，NJ 显然比 NZ 具有更好的优越性。相对于 NZ 来看，面向目标的 GZ[图 6.11(c),(d)]不仅修正异常体附近的网格，而且关注测量区域，尤其在测点周围进行了细密的网格剖分，呈现了由对偶变分构造的虚拟源附近面向目标的特性[式(6.26)]，由于网格单元加密到一定的程度时，测量剖面的精度严重依赖于测量区域局部的网格密度(Brenner and Scott, 2007)，所以面向目标的算法 GZ 可以通过加密测点局部区域从而实现更高效(fast and efficient)的收敛精度，而非面向目标的算法 NZ 只为了降低全局的数值误差可能过多修正某些区域从而增加了对测量剖面数值精度并无多大作用的计算成本。类似的，相较于 NJ，基于电流密度的 GJ[图 6.11(g),(h)]除了关注异常体的边界面，对测量剖面也进行了局部的网格加密。在面向目标的两种策略中，在网格修正初期，由于异常体与围岩分界面的存在，此时电流密度法向分量的不连续性数值误差占据主导地位，所以 GJ 比 GZ 能更好地修正需要加密的区域从而同等网格节点下具备更高的数值精度(图 6.10)，随着迭代次数的增多，电位梯度误差的体分布相对于电流密度法向分量不连续性误差的面分布成为衡量测点区域的单元基本误差的更加重要的因素，所以包含电导率因子的电位梯度误差估计 GZ 可以对测量剖面进行更加充分的网格加密[对比图 6.11(d)，(h)]从而实现最优的网格分布，正如图 6.10 中 GJ 和 GZ 收敛曲线的后半部分。

6.4.3 带地形各向异性模型适应性

下面我们将使用山脉峡谷模型证明本算法对于带地形各向异性模型的有效性，如图 6.12 所示，山脉地形和峡谷地形关于坐标原点中心对称，我们将源电极布于 A 处，沿 x 轴正方向以间距 10m 布设 19 个测量电极经过山顶和谷底，地下电阻率为倾斜各向异性。我们同样对该模型进行了五种方法的收敛率测试，结果如图 6.13 所示，各个曲线的收敛规律与图 6.10 类似，不过由于该模型中除了地形以外，地下不存在异常体与周围介质的分界面，所以基于电位梯度误差的非面向目标的算法 NZ 比基于电流密度法向分量不连续性的非面向目标的算法 NJ 具有更好的收敛表现。

图 6.14 单独测试了面向目标的算法 GZ 的收敛性，计算了三次网格的视电阻率和相对误差曲线，其中采用 Global mesh refinement G 加密至网格节点数达到 10615021 的数值解作为准解析解，图中可以看出视电阻率曲线向准解析解迭代收敛，表 6.2 是三次网格水平的单元参数以及统计误差，经过四次迭代，视电阻率的最大相对误差从 0.7437% 极大地减少到 0.0692%，图 6.15（彩图）则是相应的单元相对误差的网格密度分布图，图 6.15(a)中源电极附近单元相对误差 β_k 较大，

第 6 章 电阻率各向异性问题的自适应有限元法

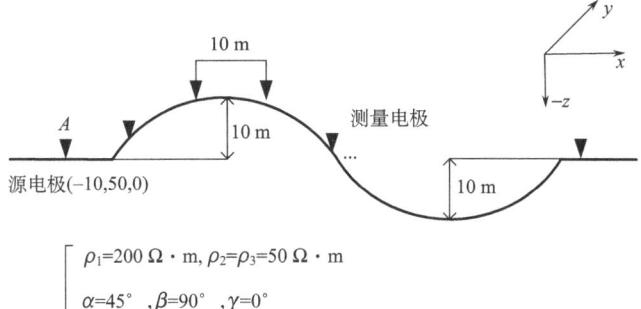

图 6.12 山脉峡谷模型示意图，山脉和峡谷的最大地形都为 10m，源电极位于 A 处，沿 x 轴正方向以间隔 10m 共布置 19 个测量电极

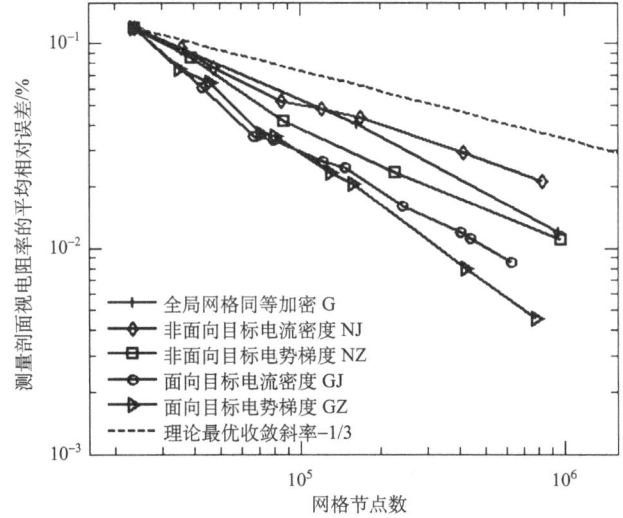

图 6.13 山脉峡谷模型中几种自适应网格修正策略的测量剖面平均误差收敛率的比较

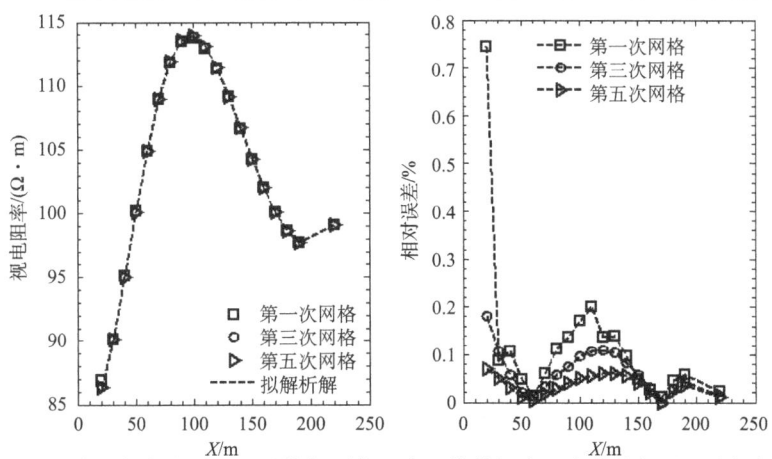

图 6.14 通过面向目标的方法 GZ 计算得到的三次网格的视电阻率数值解对于准解析解的收敛率，其中以全局网格修正方法 G 加密到节点数达到 10615021 的数值解作为准解析解

所以在图 6.15(b)中得到了细密的剖分，图 6.15(b)中测量剖面 β_k 相对较高的部分也在图 6.15(c)中得到了局部加密。图 6.15(d)是由 GZ 计算的最后一次网格的影响函数 W 的网格密度分布，由于其服从地表齐次诺依曼条件的电位分布[式(6.26)]，图中测量剖面上测点处出现红色的亮点，这表明了由对偶变分构造的虚拟源的存在，因而可以产生在测点处着重加密的面向目标的效应[式(6.30)]。

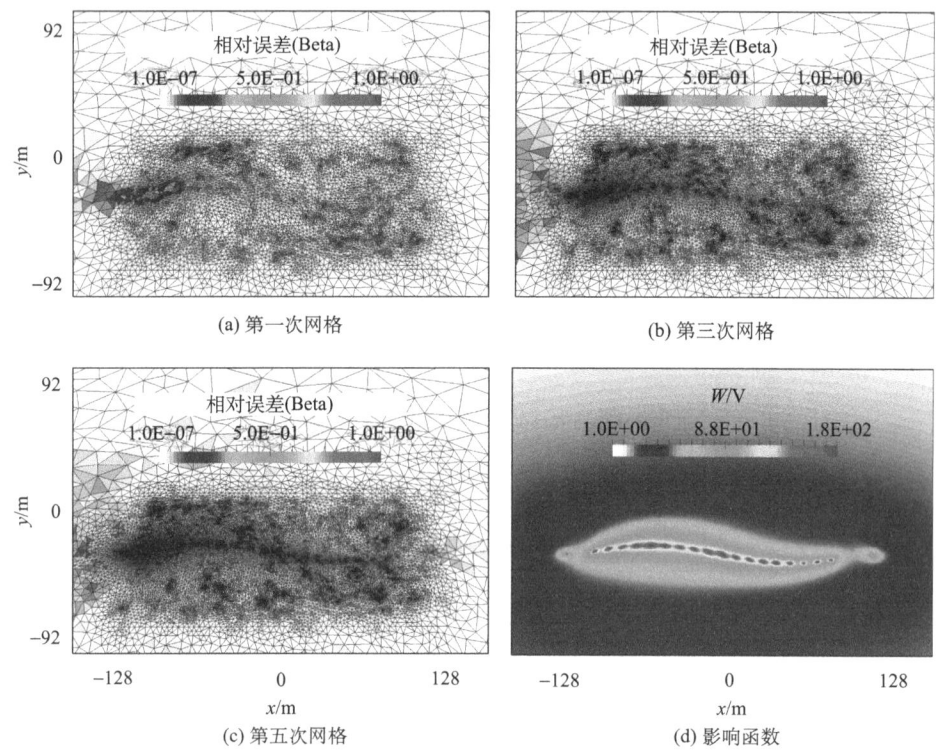

(a) 第一次网格　　(b) 第三次网格
(c) 第五次网格　　(d) 影响函数

图 6.15 (a)(b)(c)表示山脉峡谷模型三次修正网格的单元相对误差分布图，(d)表示最后一次网格影响函数 W 的分布图

表 6.2 山脉峡谷模型三次网格修正参数对比(面向目标的方法 GZ)

网格水平	节点数	单元数	最大误差	平均误差
网格(1st)	23882	126106	0.7437	0.1190
网格(3th)	45998	245393	0.1821	0.0643
网格(5th)	80588	444947	0.0692	0.0352

6.4.4 处理复杂各向异性模型的性能

最后我们设计图 6.16 所示的模型来简单分析一下埋藏各向异性的影响，图中四个立方块具有相同的中心埋深和尺寸，均为 3m，为了排除异常体的特征随源取向的影响，我们在地表布置两对偶极源，用于测量张量视电阻率的 $P2$ 旋转不变量(Bibby，1986；Bibby and Hohmann，1993)，$P2$ 不变量具有与标量视电阻率相同的量纲，均匀半空间下两者等效(Wang et al.，2013)。图 6.17（彩图）中展示了 $P2$ 不变量的地表等值线图，立方块 A，B 分别是各向同性的低阻和高阻异常，在图中得到了很好的响应，立方块的中心位置和大概范围都得到了很好的刻画，C，D 表示方位角 β 相差 90° 的水平各向异性立方块，两者的主轴电阻率有所差别，在图中立方块 C 和 D 都得到了一定程度的对称拉伸，两者拉伸的方向与主轴电阻率相对于围岩的电性差异大小相关，且与方位角 β 有关，即沿电性差异大的方向再逆时针偏转方位角的大小即是拉伸方向，此时立方块 C，D 的中心位置仍然得到了准确的反映，但在两个低阻的各向异性立方块之间存在相对高阻的假异常。

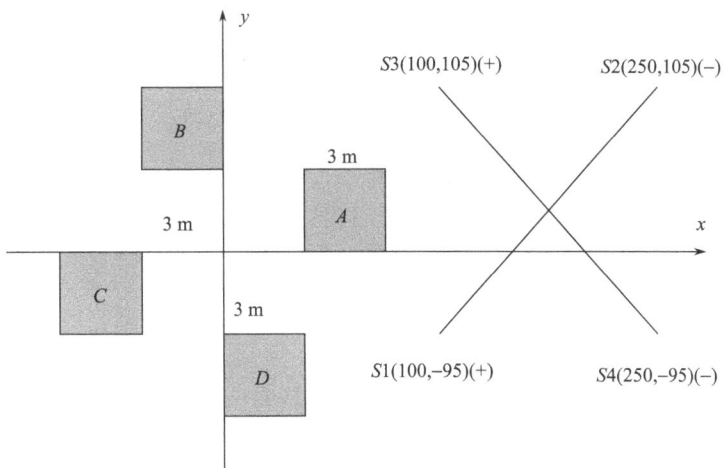

图 6.16 均匀半空间中嵌入四个埋深和尺寸相同的立方块 A、B、C、D，其中心埋深和尺寸均为 3m，背景均匀半空间的电阻率为 $100\,\Omega\cdot m$，图中两对偶极源 S1-S2，S3-S4 用于张量视电阻率(Bibby，1986；Bibby and Hohmann，1993)的测量

图 6.18（彩图）则是四个不同各向异性(TI 介质，Greenhalgh，2009)立方块的 $P2$ 不变量响应，四个立方块具有相同的主轴电阻率，且方位角均为 45°，倾角 α 不同，总的来看，随着倾角增大，各个立方块的等值线图拉伸幅度逐渐减小，且逐渐呈现为更加低阻的异常。当立方块倾角为 0° 时对应水平各向异性，在图中表现为对称的拉伸椭圆，随着倾角增大至 30°，立方块 B 呈现不对称的拉伸，

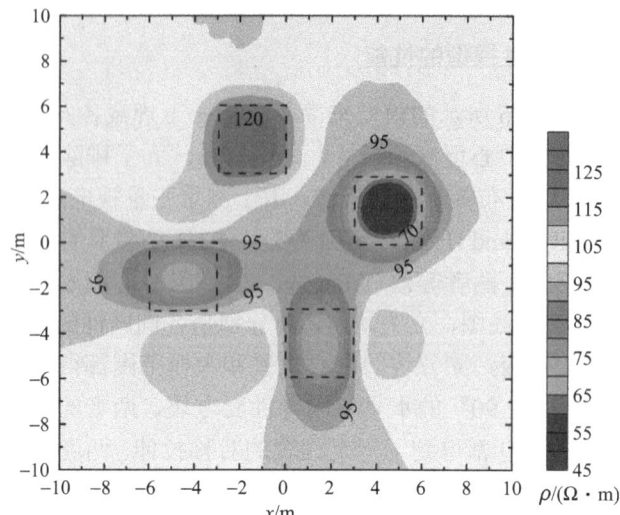

图 6.17 张量视电阻率的 P2 旋转不变量（Bibby，1986）等值线图，黑色虚线框是四个立方块在地表的投影，相应电阻率参数为：A: 10, B: 1000, C: $\rho_1/\rho_2/\rho_3$=100/10/100，$\alpha/\beta/\gamma$=0°/0°/0°，D: $\rho_1/\rho_2/\rho_3$=100/10/10，$\alpha/\beta/\gamma$=0°/90°/0°，电阻率单位 $\Omega\cdot m$

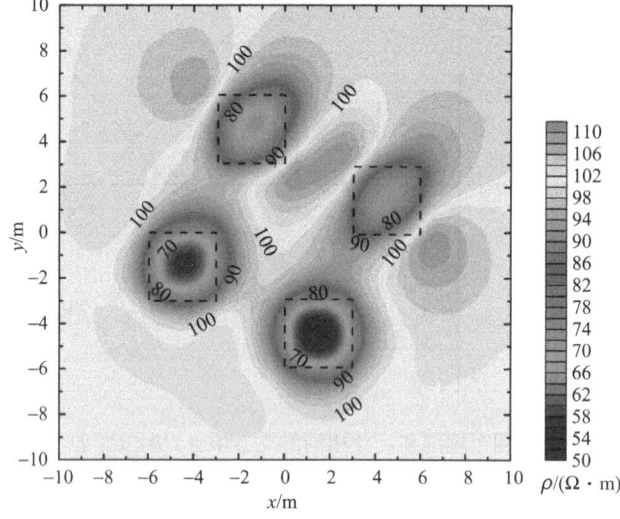

图 6.18 张量视电阻率的 P2 旋转不变量等值线图，四个立方块的主轴电阻率相同：$\rho_1/\rho_2/\rho_3$=100/10/10。但是倾角不同：A：$\alpha/\beta/\gamma$=0°/45°/0°，B：$\alpha/\beta/\gamma$=30°/45°/0°，C：$\alpha/\beta/\gamma$=60°/45°/0°，D：$\alpha/\beta/\gamma$=90°/45°/0°，电阻率单位 $\Omega\cdot m$

拉伸方向为主轴电阻率与围岩电性差异大的方向逆时针偏转方位角 β=45°，此时异常的中心也偏移了立方块的投影中心，倾角继续增大至 60°，立方块 C 也呈现不对称的拉伸，但拉伸幅度有所减少，当倾角达到 90°时，D 立方块的 P2 等值线表现为无拉伸的圆形异常,且其中心与立方块的投影中心吻合,此时倾斜各向异性已经转化为垂直各向异性,在地表水平方向不能检测到各向异性。

6.5 本 章 小 结

本章提出的基于非结构化网格的自适应有限元算法,可以处理带地形的任意各向异性三维电导率结构,不同于传统的二次场法,本章的一次场采用各向异性均匀半空间的解析解,减去这个简单的一次背景场,即可以导出能够处理任意地形的二次虚拟场的边值问题,我们在两层模型中验证了算法的高精度以及在山脉峡谷模型中证明了算法对地形的有效性。

我们考虑了四种后验误差估计手段指导网格的自适应修正,并采用了一些综合模型对这些算法进行了测试。首先我们通过均匀半空间中嵌入一个各向异性的立方块及山脉峡谷带地形模型测试了上面几种后验误差估计策略的收敛率。对于非面向目标的两种算法,当地下存在不连续的电性分界面时,基于电流密度法向分量不连续性的算法比基于电位梯度恢复的算法具有更好的优越性。通过不断减少全局数值误差以增加全局的网格密度,两种非面向目标的算法理论上都可以达到足够的数值精度,但是这需要极大的数值成本,而面向目标的算法在考虑全局数值误差的基础上着重加密测点区域,可以实现更高效地达到收敛精度,极大地节约计算成本。

对于面向目标的两种算法,总体上来说基于电位梯度恢复技术的自适应加密策略比基于电流密度的方法具有更稳健的性能,但两者在网格迭代修正后期都取得了优越的表现,都可以提供高精度的数值解。

第 7 章 总结及后续工作

7.1 总　　结

本书从稳态 Maxwell 方程组出发，推导出了直流电阻率法边值问题(3D、2.5D)、根据电流密度和能量衰减规律详细分析可能存在的不同边界条件，并分析了其优缺点，针对消除源电极处电位奇异性分析了不同种类的二次场方法，结合直流电法本质分析了处理任意复杂起伏地形的策略，从精度和速度两方面分析了直流电法有限元线性方程组的不同求解方法。另外，为了提高观测电极处数值解精度，分析了人工加密、自适应加密和面向目标自适应有限元等不同算法的性能和优缺点，并考虑了地下电导率任意各向异性情况，主要的结论如下。

1. 边界条件

由于空气电导率趋于 0，地下电流不可能流入空气，即地下电流密度在地表边界的法向分量为零,在地表边界电位满足第二类边界条件(或诺伊曼边界条件)。远离供电电极，电位随距离成反比衰减，在无限远边界处，得到电位的第三类边界条件(或混合边界条件)。假设在无限远边界处上电位为零，得到无限远边界上的第一类边界条件。另外假设在截断边界条件上电位的法向分量为零，得到无限远边界上的第二类边界条件。因此，在无限远边界上可以选择第一类边界条件、第二类边界条件和第三类边界条件。选择第一类边界条件时，要求无限远边界的近似截断边界条件设置在足够远处，从而大幅度加大了计算量。选择第二类边界条件时，暗示在截断边界外部人为设置绝缘体(电阻率无穷大，如另外一个空气层)。这一假设在一定程度上不能有效描述地下电阻率结构的真实情况。在截断边界上选择第二类边界不能够保证求解区域内电位分布的唯一性，从而导致了有限元线性方程矩阵具有非常高的条件数，加大了求解难度。**因此笔者建议：在截断边界上不采用第二类边界条件，尽量避免使用第一类边界条件，推荐使用第三类边界条件。**

2. 复杂起伏地形

地形的处理依赖于总场求解策略与二次场求解策略的选择。总场求解策略的地形处理最为简单。总场求解策略的地形的处理就是如何处理地表界面上的诺伊曼边界条件。有限元法能够非常容易地处理地表界面上的诺伊曼边界条件，从而使得起伏地形问题变得非常简单。唯一的要求是网格剖分能够无限逼近任意复杂的起伏地形界面，只要能够找到此类离散网格，有限元就能够轻易处理地形情况。二次场求解策略的提出主要是为了消除电极附近场的奇异性。二次场求解策略处理地形较为复杂。二次场求解策略需要一次场的表达式尽量简单。假如背景模型复杂，通常不存在具有简单表达式的一次场，进而不得不要求采用额外的数值计算方法来求复杂背景模型上的一次场(如高阶有限元法、边界积分方程法)，得不偿失。回顾二次场策略的核心工作为寻找一次电位，使其在电极处能够正确模拟奇异值现象。我们扩大一次电位的选择范围，不要求其满足背景模型上的边界条件，从而使其具有非常简单的表达式。采用此简单表达式后，在地表分界面上二次电位的法向梯度不为0，即电流密度法向不为0，存在电流流入空气中，与物理现象不吻合，因此二次电位不是一个真实存在的物理量，我们称其为虚拟电位。虚拟电位的边界值问题与总场边界值问题相比，结构类似、性能类似，对求解方法没有特殊要求，但是虚拟电位却能够以更少的计算量获得带任意起伏地形地电模型的高精度数值解。**因此笔者建议：采用总场或者虚拟场策略处理复杂起伏地形直流电问题。**

3. 非结构化网格

非结构化网格能够生成任意单元密度的正演模拟网格，在供电极处能够采用密实网格来逼近快速变化的电位，在测量电极处也能够采用合理的网格来提高观测电位的精度，在远离观测电极和远离电导率异常体的区域能够采用较为稀疏的网格来近似变化缓慢的电位。网格密度不均匀的非结构网格能在提高观测电极处数值解精度的同时，大幅度减少单元数量，大幅度降低计算消耗，从而寻求最优化的精度和速度平衡点，为实现大规模复杂地区地下成像提供核心动力。**因此笔者建议：尽量采用非结构化网格离散技术。**

4. 求解器

对于 2.5D 模型或者一般中等规模 3D 模型，采用直接求解器可以获得满意的效果，如基于 LU 分解法的 Pardiso 求解器，基于波前法的 MUMPS 直接求解器。对于特大规模(如上千万，上亿未知数)模型，可以采用共轭梯度法获得满意效果，为了进一步加速迭代法的收敛速度，可以采用基于不完全 LU 分解或者不完全 Cholesky 分解的预处理矩阵。预处理共轭梯度法的速度明显快于传统的共轭梯度法，一般来说要快 10~20 倍。SSOR 共轭梯度法既能节约内存，还具有快速的收敛性。另外，ILU 共轭梯度法和 IC 共轭梯度法在求解速度上有出众性，特别是 IC 共轭梯度法。**因此笔者建议：对于小或者中等规模问题，采用直接求解器，对于**

大规模问题，采用不完全 Cholesky 预处理或者不完全 LU 预处理共轭梯度法。另外，外推瀑布式多网格法(EXCMG)不失为另外一种快速求解方法，值得进一步探索。

5. 标准有限单元法数值解精度

有限元数值解精度严重依赖于网格的单元形状质量和单元密度。单元形状质量通常可以由"纵横比"(外接圆的半径与最短边的比值)衡量。纵横比越大，单元质量越差，数值解精度也越低；纵横比减小，单元接近正四面体，计算精度越高。有限元数值解精度还依赖于有限单元形状函数阶数，线性有限单元往往需要较小体积的网格单元，二次有限元往往在较粗网格上能够得到满意结果。对于更高阶次单元，由于存在可能的误差放大、数值震荡等不良结果，因此不建议在模拟直流电阻率问题中使用。通过加密求解区域的单元密度能够达到提高有限元数值精度的效果。测试结果表明：外接圆半径与最短边之比为 1.15~1.2，可以算作最优区间；二次单元具有显著的误差收敛性，可以保证高精度结果，因此对于精度要求很高的模型，建议采用二次单元；线性相对于二次单元更容易生成、理论更简单、更容易实现，因此对于精度要求一般的模型(如 1%的相对误差)，建议采用一次单元。本书还分析了三种非结构化网格的局部或全局加密技术，并分析了其优点及应用范围，数值解证明了对于复杂模型可以通过加密测点附近区域单元密度来达到提高数值解精度的目的。**因此笔者建议：对于一般直流电阻率问题，采用基于测点局部加密技术的线性有限单元。**

6. 任意复杂模型高精度求解技术

标准有限元法假设网格节点与单元都分布在必要的位置。不幸的是，这种假设都不成立，通常的网格离散化技术并不能生成最优化的网格，节点与单元并没有在正确的位置上。另外，多余插入的节点并不能提高精度却加大了计算量。为了实现任意复杂模型的全自动高精度计算技术，我们采用了 h 型自适应有限元策略。首先，用标准的有限元法在粗网格上得到低精度数值解，然后用 Z-Z 后验误差估计技术计算单元误差指示值与全局误差估计值。一般来讲，较大的全局相对误差估计值与单元误差指示值会在一个较粗的网格上发生，随后，自适应有限元过程便通过减少相对误差估计值与单元误差指示值重新设计单元大小呈最优状分布的网格，从而实现网格的自动加密过程。由模型剖分结果和计算曲线可以看到，模型奇异区的网格得到了局部加密，也即消除了奇异区的奇异性，从而极大地提高了模拟的精度，特别是测点距离点源等奇异区较近，进而验证其具有为任意复杂模型提供可靠数值解的本领。我们还验证了 2.5D 稳定电流场自适应有限元算法的正确性，并对比了两种不同自适应策略的效率。在此基础之上对复杂地形模型进行了模拟和讨论，由网格剖分适应图可知非结构网格在模拟复杂地形的情况下存在极大的优势。通过模型计算得知，书中所提出的自适应有限元算法可以在有限次迭代后(一般不超过 3 次)快速收敛到精确解，整个算法无需人为干预，程序通用性较高。

7. 多电极复杂直流电阻率各向异性模型求解技术

本书提出了一种新的面向目标的自适应网格加密有限元算法，用于模拟带任意地形的复杂直流电阻率(各向异性)问题。首先引入一个简单的奇异函数，即半空间模型的解，作为一次奇异电势值，通过减去这个简单的奇异函数，导出适用于多电极系统带起伏地形复杂直流电阻率边值问题，利用直接求解器技术可以迅速获得多电极系统的解。相比于传统的总场方法，本书提出的二次虚拟场法有更高的精确度，特别是源电极附近。两层模型中验证了算法的高精度以及在山脉峡谷模型中证明了算法对地形的有效性。另外，我们还考虑了两种后验误差估计技术及其指导网格自适应加密的性能。测试表明：当地下存在不连续的电性分界面时，基于电流密度法向分量不连续性的后验误差估计算法比 Z-Z 后验误差估计具有更好的优越性。采用面向目标的加密策略，可以以最小的计算量在测点处获得最优化的数值精度。**因此，笔者建议：对于任意复杂各向异性直流电阻率模型，采用基于虚拟场的面向目标自适应加密技术，后验误差估计计算可采用传统的 Z-Z 方法，也可以采用基于电流密度法向分量不连续性的后验误差估计算法。**

7.2 后续工作

直流电阻率模型的有限元正演计算方法已逐渐实用化，对于后续工作提出以下三点建议。

1. 高效前处理技术

网格剖分是一个技术难点，特别是任意复杂模型的非结构化网格建模更是一个技术难点。目前，随着高精度遥感卫星和地表测图技术的快速发展，真实起伏地形数据越来越多，起伏地形的影响越来越受到重视，从高精度地形数据到真实地电模型的建立绝非易事。如何寻找一种前处理技术，把 CAD 软件等建立的模型转换为能够被非结构化网格软件识别的输入模型，然后自动地生成局部加密的结构化或非结构化网格的剖分应是非常值得研究的技术。

2. 高精度后处理方法

基于虚拟场的面向目标自适应有限元法可快速获得任意地形、任意电阻率模型的高精度电位解。为求取视电阻率等参数，需要对电位进行微分甚至求高阶导数。因此，如何高精度求解电位、电场的微分和其他导出参数，是后处理的重要环节。

3. 模拟效率问题

有限元线性方程组的求解占据了总共时间的 80%~90%，因此，如何加速有限元线性方程组的求解为一重要的研究课题。后续工作可开展基于消息传递技术（MPI）或者区域分解的并行求解技术来加速计算过程。

4. 反演的实现

结合其他浅地表数据（如重力，磁法，可控源电磁法），开发直流电阻率反演或者联合反演程序为下一步必不可少的工作。

参 考 文 献

底青云, 王妙月. 1998. 稳定电流场有限元法模拟研究. 地球物理学报, 41(2): 252-260.
董茂干, 吴姗姗, 李家棒. 2015. 高密度电法在岩溶发育特征调查中的应用. 工程地球物理学报, 12(2): 194-199.
龚胜平, 李振宇, 余永鹏, 等. 2008. 人工洞室上直流电阻率法视电阻率的异常特征. CT 理论与应用研究, 17(2): 28-33.
郭延明. 2012. 电阻率法在鲁南水资源勘查中的研究与应用. 成都理工大学硕士学位论文.
何玉海. 2016. 高密度电法在莱州湾海水入侵调查中的研究与应用. 海洋环境科学, 35(2): 301-305.
胡恩球, 陈贤珍, 周克定. 1997. 电磁场有限元计算后验误差估计与自适应新方法. 中国电机工程学报, 17(2): 78-83.
胡雄武, 张平松, 吴荣新, 等. 2010. 矿井多极供电电阻率法超前探测技术研究. 地球物理学进展, 25(5): 1709-1715.
雷旭友, 李正文, 折京平. 2009. 超高密度电阻率法在土洞、煤窑采空区和岩溶勘探中应用研究. 地球物理学进展, 24(1): 340-347.
李张明. 1994. 直流电阻率法在岩溶探测中的应用. 地球物理学进展, 9(3): 104-118.
刘挺. 2008. 电法在大伙房水库引水隧道探测中的应用研究. 东北大学硕士学位论文.
刘向红, 张平松, 孙林华, 等. 2012. 三维直流电阻率法在水源井探测中的应用研究. 中国地质, 39(5): 1421-1426.
刘小军, 李长征, 王家林, 等. 2006. 高密度电法概率成像技术在堤防隐患探测中的应用. 工程地球物理学报, 3(6): 415-418.
柳建新, 郭荣文, 童孝忠, 等. 2011. 基于多重网格法的 MT 正演模型边界截取. 中南大学学报(自然科学版), 42(11): 3430.
鲁晶津, 吴小平, Spitzer K. 2010. 直流电阻率三维正演的代数多重网格方法. 地球物理学报, 53(3): 700-707.
马德锡, 于爱军, 葛良胜, 等. 2008. 高密度电法在金矿勘查中的应用. 地质与勘探, 44(3): 65-69.
孟贵祥, 严加永, 吕庆田, 等. 2011. 高密度电法在石材矿探测中的应用. 吉林大学学报: 地球科学版, 41(2): 592-599.
潘克家, 汤井田. 2013. 2.5 维直流电法正演中 Fourier 逆变换离散波数的最优化选取. 中南大学学报(自然科学版), 44(7): 2819-2826.
潘克家, 汤井田, 胡宏伶, 等. 2012. 直流电阻率法 2.5 维正演的外推瀑布式多重网格法. 地球物理学报, 55(8): 2769-2778.
任政勇. 2007. 基于非结构化网格的直流电阻率自适应有限元数值模拟. 中南大学硕士学位论文.

任政勇, 汤井田. 2009. 基于局部加密非结构化网格的三维电阻率法有限元数值模拟. 地球物理学报(10): 2627-2634.

阮百尧, 熊彬. 2001. 三维地电断面电阻率测深有限元数值模拟. 中国地球物理学会年刊——中国地球物理学会年会, (1): 73-74.

宋希利, 宫述林, 邢立亭. 2010. 高密度电法在地下空洞探测中的应用研究. 工程地球物理学报, 7(5): 599-602.

汤井田, 王飞燕, 任政勇. 2010. 基于非结构化网格的2.5-D直流电阻率自适应有限元数值模拟. 地球物理学报, 53(3): 708-716.

王飞燕. 2009. 基于非结构化网格的2.5-D直流电阻率法自适应有限元数值模拟. 中南大学硕士学位论文.

王建华, 杨磊, 沈为平. 2000. 有限元后验误差估计方法的研究进展. 力学进展, 30(2): 175-190.

徐世浙. 1986. 电导率分段线性变化的水平层的点电源电场的数值解. 地球物理学报, 29(1): 84-90.

徐世浙. 1994. 地球物理中的有限单元法. 北京: 科学出版社.

许新刚, 岳建华, 武杰. 2004. 三维直流电法勘探在地下人防工程勘察中的应用. 物探与化探, 28(2): 187-188.

杨镜明, 魏周政, 高晓伟. 2014. 高密度电阻率法和瞬变电磁法在煤田采空区勘查及注浆检测中的应用. 地球物理学进展, 29(1): 362-369.

杨天春, 许德根, 张启, 等. 2016. 高密度电法在隐伏溶洞勘探中的应用. 中国地质灾害与防治学报, 2016(2): 145-148.

Ainsworth M, Oden J T. 1993. A unified approach to a posteriori error estimation using element residual methods. Numerische Mathematik, 65(1): 23-50.

Ainsworth M, Oden J T. 1997. A posteriori error estimation in finite element analysis. Computer Methods in Applied Mechanics and Engineering, 142(1): 1-88.

Ainsworth M, Oden J T. 2000. A Posteriori Error Estimation in Finite Element Analysis. America: Wiley.

Ainsworth M, Zhu J, Craig A, et al. 1989. Analysis of the Zienkiewicz-Zhu a—posteriori error estimator in the finite element method. International Journal for Numerical Methods in Engineering, 28(9): 2161-2174.

Amestoy P R, Duff I S, L'Excellent J Y, et al. 2001. A fully asynchronous multifrontal solver using distributed dynamic scheduling. Siam Journal on Matrix Analysis and Applications, 23(1): 15-41.

Ansari S, Farquharson C G. 2014. 3D finite-element forward modeling of electromagnetic data using vector and scalar potentials and unstructured grids. Geophysics, 79(4): E149-E165.

Asten M. 1974. The influence of electrical anisotropy on mise a la masse surveys. Geophysical Prospecting, 22(2): 238-245.

Avdeev D B, Kuvshinov A V, Pankratov O V, et al. 2002. Three-dimensional induction logging problems, Part I: An integral equation solution and model comparisons. Gut & Liver, 9(3): 265-266.

Babuška I, Rheinboldt W. 1979. Adaptive approaches and reliability estimations in finite element analysis. Computer Methods in Applied Mechanics and Engineering, 17: 519-540.

Bayrak M, Şenel L. 2012. Two-dimensional resistivity imaging in the Kestelek boron area by VLF and DC resistivity methods. Journal of Applied Geophysics, 82(7): 1-10.

Bentley L, Gharibi M. 2004. Two-and three-dimensional electrical resistivity imaging at a heterogeneous remediation site. Geophysics, 69(3): 674-680.

Bergmann P, Schmidthattenberger C, Kiessling D, et al. 2012. Surface-downhole electrical resistivity tomography applied to monitoring of CO_2 storage at Ketzin, Germany. Geophysics, 77(6): 253-267.

Bibby H M. 1978. Direct current resistivity modeling for axially symmetric bodies using the finite element method. Geophysics, 43(3): 550.

Bibby H M. 1986. Analysis of multiple-source bipole-quadripole resistivity surveys using the apparent resistivity tensor. Geophysics, 51(4): 972-983.

Bibby H M, Hohmann G. 1993. Three-dimensional interpretation of multiple-source bipole-dipole resistivity data using the apparent resistivity tensor. Geophysical prospecting, 41(6): 697-723.

Bing Z, Greenhalgh S A. 2001. Finite element three-dimensional direct current resistivity modelling: accuracy and efficiency considerations. Geophysical Journal International, 145(3): 679-688.

Blome M. 2009. Efficient measurement and data inversion strategies for large scale geoelectric surveys. Germany: University of Göttingen.

Blome M, Maurer H, Schmidt K. 2009. Advances in three-dimensional geoelectric forward solver techniques. Geophysical Journal International, 176(3): 740-752.

Boulanger O, Chouteau M. 2005. 3D modelling and sensitivity in DC resistivity using charge density. Geophysical Prospecting, 53(4): 579-617.

Brenner S, Scott R. 2007. The mathematical theory of finite element methods. Germany: Springer Science & Business Media.

Brunet P, Clément R, Bouvier C. 2010. Monitoring soil water content and deficit using Electrical Resistivity Tomography(ERT)—A case study in the Cevennes area, France. Journal of Hydrology, 380(380): 146-153.

Capizzi P, Martorana R, Messina P, et al. 2012. Geophysical and geotechnical investigations to support the restoration project of the Roman "Villa del Casale", Piazza Armerina, Sicily, Italy. Near Surface Geophysics, 10(2): 145-160.

Chambers J E, Kuras O, Meldrum P I, et al. 2006. Electrical resistivity tomography applied to geologic, hydrogeologic, and engineering investigations at a former waste-disposal site. Geophysics, 71(71): B231-B239.

Chambers J E, Wilkinson P B, Wealthall G P, et al. 2010. Hydrogeophysical imaging of deposit heterogeneity and groundwater chemistry changes during DNAPL source zone bioremediation. Journal of Contaminant Hydrology, 118(1): 43-61.

Chambers J E, Wilkinson P B, Wardrop D, et al. 2012. Bedrock detection beneath river terrace deposits using three-dimensional electrical resistivity tomography. Geomorphology, 177: 17-25.

Chen C M, Hu H L, Xie Z Q, et al. 2008. Analysis of extrapolation cascadic multigrid method (EXCMG). Science in China Series A: Mathematics, 51(8): 1349-1360.

Chen C M, Hu H L, Xie Z Q, et al. 2009. L-2 Error of Extrapolation Cascadic Multigrid (Excmg). Acta Mathematica Scientia, 29(3): 539-551.

Chen C M, Shi Z C, Hu H L. 2011. On extrapolation cascadic multigrid method. Journal of Computational Mathematics, 29(6): 684-697.

Chen F H, Huang Q X, Jiang Z Y, et al. 2015. The effects of vacuum annealing temperatures on the microstructure, mechanical properties and electrical resistivity of Mg-3Al-1Zn alloy ribbons. Vacuum, 115: 80-84.

Chiodarelli N, Masahito S, Kashiwagi Y, et al. 2011. Measuring the electrical resistivity and contact resistance of vertical carbon nanotube bundles for application as interconnects. Nanotechnology, 22(8): 80-84.

Coggon J. 1971. Electromagnetic and electrical modeling by the finite element method. Geophysics, 36(1): 132-155.

Corwin D L, Lesch S M. 2003. Application of soil electrical conductivity to precision agriculture. Agronomy Journal, 95(3): 455-471.

Corwin D L, Lesch S M. 2005. Characterizing soil spatial variability with apparent soil electrical conductivity: I. Survey protocols. Computers and Electronics in Agriculture, 46(1): 103-133.

Dahlin T. 2001. The development of DC resistivity imaging techniques. Computers & Geosciences, 27(9): 1019-1029.

Dahlin T, Bernstone C, Loke M H. 2002. A 3D resistivity investigation of a contaminated site at Lernacken, Sweden. Geophysics, 67(6): 1692-1700.

De Pascale G P, Pollard W H, Williams K K. 2008. Geophysical mapping of ground ice using a combination of capacitive coupled resistivity and ground-penetrating radar, Northwest Territories, Canada. Journal of Geophysical Research Atmospheres, 113(F2): 521-539.

Demirci I, Erdoğan E, Candansayar M E. 2012. Two-dimensional inversion of direct current resistivity data incorporating topography by using finite difference techniques with triangle cells: Investigation of Kera fault zone in western Crete. Geophysics, 77(1): E67-E75.

Denis A, Marache A, Obellianne T, et al. 2002. Electrical resistivity borehole measurements: application to an urban tunnel site. Journal of Applied Geophysics, 88(50): 319-331.

Dey A, Morrison H F. 1979. Resistivity modeling for arbitrarily shaped three-dimensional structures. Geophysics, 44(4): 753.

Dieter K, Paterson N R, Grant F S. 1969. IP and resistivity type curves for three-dimensional bodies. Geophysics, 34(4): 615.

Du H K, Ren Z Y, Tang J T. 2016. A finite-volume approach for 2D magnetotellurics modeling with arbitrary topographies. Studia Geophysica et Geodaetica, 60(2): 332-347.

Filipiak M. 1996. Mesh Generation. The University of Edinburgh: Edinburgh Parallel Computing Centre.

Fox R C. 1980. Topographic effects in resistivity and induced-polarization surveys. Geophysics,

45(1): 75-93.

Franke A, Börner R U, Spitzer K. 2007. Adaptive unstructured grid finite element simulation of two-dimensional magnetotelluric fields for arbitrary surface and seafloor topography. Geophysical Journal International, 171(1): 71-86.

Gaffney C. 2008. Detecting trends in the prediction of the buried past: a review of geophysical techniques in archaeology. Archaeometry, 50(2): 313-336.

Gochioco L M, Urosevic M. 2003. An introduction-Mining geophysics. Leading Edge, 22(6): 557.

Grayver A V, Streich R, Ritter O. 2013. Three-dimensional parallel distributed inversion of CSEM data using a direct forward solver. Geophysical Journal International, 193(3): 1432-1446.

Greenhalgh M S. 2009. DC resistivity modelling and sensitivity analysis in anisotropic media. Theses.

Greenhalgh S A, Zhou B, Greenhalgh M, et al. 2009. Explicit expressions for the Fréchet derivatives in 3D anisotropic resistivity inversion. Geophysics, 74(3): F31-F43.

Günther T, Rücker C, Spitzer K. 2006. Three-dimensional modelling and inversion of DC resistivity data incorporating topography, I: Modelling. Geophysical Journal International, 166(2): 495-505.

Habberjam G. 1975. Apparent resistivity, anisotropy and strike measurements. Geophysical Prospecting, 23(2): 211-247.

Haber E, Ascher U M, Oldenburg D W. 2004. Inversion of 3D electromagnetic data in frequency and time domain using an inexact all-at-once approach. Geophysics, 69(5): 1216-1228.

Hauck C, Mühll D V, Maurer H. 2003. Using DC resistivity tomography to detect and characterize mountain permafrost. Geophysical Prospecting, 51(4): 273-284.

He J S, Wen P L, Niu Z L, et al. 1980. The electrical exploration methods on Metal Mines. Beijing: Metallurgical Industry Press of China.

Hermans T, Vandenbohede A, Lebbe L, et al. 2012. A shallow geothermal experiment in a sandy aquifer monitored using electric resistivity tomography. Geophysics, 77(1): B11-B21.

Hohmann G W. 1975. Three-dimensional induced polarization and electromagnetic modeling. Geophysics, 40(2): 309-324.

Holcombe H T. 1984. 3-D terrain corrections in resistivity surveys. Geophysics, 49(4): 439-452.

Hou J, Mallan R K, Torres-Verdín C. 2006. Finite-difference simulation of borehole EM measurements in 3D anisotropic media using coupled scalar-vector potentials. Geophysics, 71(5): G225-G233.

Hvoždara M, Kaikkonen P. 1994. The boundary integral calculations of the forward problem for D. C. sounding and MMR methods for a 3-D body near a vertical contact. Studia Geophysica Et Geodaetica, 38(4): 375-398.

Intel R. 2011.Linear solver basics. Intel R math kernel library.

Jahandari H, Farquharson C G. 2014. A finite-volume solution to the geophysical electromagnetic forward problem using unstructured grids. Geophysics, 79(6): E287-E302.

Jin J M. 2014. The Finite Element Method in Electromagnetics. America: Wiley-IEEE Press.

Jones G, Zielinski M, Sentenac P. 2009. Mapping desiccation fissures using 3-D electrical resistivity tomography. Journal of Applied Geophysics, 84(9): 39-51.

Kalscheuer T, Meqbel N, Pedersen L B. 2010. Non-linear model error and resolution properties from two-dimensional single and joint inversions of direct current resistivity and radiomagnetotelluric data. Geophysical Journal International, 182(3): 1174-1188.

Key K, Weiss C. 2006. Adaptive finite-element modeling using unstructured grids: The 2D magnetotelluric example. Geophysics, 71(6): G291-G299.

Krautblatter M, Verleysdonk S, Flores-Orozco A, et al. 2010. Temperature-calibrated imaging of seasonal changes in permafrost rock walls by quantitative electrical resistivity tomography(Zugspitze, German/Austrian Alps). Journal of Geophysical Research Atmospheres, 115(F2): 221-228.

Kuras O, Krautblatter M, Murton J B, et al. 2012. Monitoring rock-freezing experiments in the laboratory with capacitive resistivity imaging. European Meeting of Environmental and Engineering Geophysics - Near Surface Geoscience, 263-268.

Li P, Stagnitti F. 2004. Direct current electric potential in an anisotropic half-space with vertical contact containing a conductive 3D body. Mathematical problems in engineering, 2004(1): 63-77.

Li P, Uren N F. 1997a. The modelling of direct current electric potential in an arbitrarily anisotropic half-space containing a conductive 3-D body. Journal of Applied Geophysics, 38(1): 176-181.

Li P, Uren N F. 1997b. Analytical solution for the point source potential in an anisotropic 3-D half-space I: two-horizontal-layer case. Mathematical and Computer Modelling, 26(5): 9-27.

Li Y G, Pek J. 2008. Adaptive finite element modelling of two-dimensional magnetotelluric fields in general anisotropic media. Geophysical Journal International, 175(3): 942-954.

Li Y S, Wu H B, Yin J, et al. 2013. High electrical resistivity of pressureless sintered in situ SiC-BN composites. Scripta Materialia, 69(10): 740-743.

Li Y S, Yin J, Wu H B, et al. 2015. Enhanced electrical resistivity in SiC-BN composites with highly-active BN nanoparticles synthesized via chemical route. Journal of the European Ceramic Society, 35(5): 1647-1652.

Li Y, Key K. 2007. 2D marine controlled-source electromagnetic modeling: Part 1—An adaptive finite-element algorithm. Geophysics, 72(2): WA51.

Li Y, Pek J. 2008. Adaptive finite element modelling of two-dimensional magnetotelluric fields in general anisotropic media. Geophysical Journal International, 175(3): 942-954.

Li Y, Spitzer K. 2002. Three-dimensional DC resistivity forward modelling using finite elements in comparison with finite-difference solutions. Geophysical Journal International, 151(3): 924-934.

Li Y, Spitzer K, Li Y, et al. 2005. Finite element resistivity modelling for three-dimensional structures with arbitrary anisotropy. Physics of the Earth & Planetary Interiors, 150(1-3): 15-27.

Linde N, Pedersen L B. 2004. Evidence of electrical anisotropy in limestone formations using the RMT technique. Geophysics, 69(4): 909-916.

Liu S L, Gong L Y, Bao G, et al. 2011. The temperature dependence of the resistivity in $Ba_{1-x}K_xFe_2As_2$ superconductors. Superconductor Science & Technology, 24(7).

Loke M H, Barker R D. 2006. Practical techniques for 3D resistivity surveys and data inversion1. Geophysical Prospecting, 44(3): 499-523.

Loke M H, Lane Jr J W. 2004. Inversion of data from electrical resistivity imaging surveys in water-covered areas. Exploration Geophysics, 35(4): 266-271.

Lowry T, Allen M, Shive P N. 1989. Singularity removal: A refinement of resistivity modeling techniques. Geophysics, 54(6): 766-774.

Ma Q. 2002. The boundary element method for 3-D dc resistivity modeling in layered earth. Geophysics, 67(2): 610-617.

Maillet R. 1947. The fundamental equations of electrical prospecting. Geophysics, 12(4): 529-556.

Marescot L, Rigobert S, Lopes S P, et al. 2006. A general approach for DC apparent resistivity evaluation on arbitrarily shaped 3D structures. Journal of Applied Geophysics, 60(1): 55-67.

Marescot L, Lopes S P, Rigobert S, et al. 2008. Nonlinear inversion of geoelectric data acquired across 3D objects using a finite-element approach. Geophysics, 73(73): F121.

Meis T, Marcowitz U. 1994. Numerical Solution of Partial Differential Equations. Cambridge: Cambridge University Press.

Mendezdelgado S, Gomeztrevino E, Perezflores M A. 1999. Forward modelling of direct current and low-frequency electromagnetic fields using integral equations. Geophysical Journal International, 137(2): 336-352.

Mol L, Preston P R. 2010. The writing's in the wall: a review of new preliminary applications of electrical resistivity tomography within archaeology. Archaeometry, 52(6): 1079-1095.

Moucha R, Bailey R C, Marescot L, et al. 2004. An accurate and robust multigrid algorithm for 2D forward resistivity modelling. Geophysical Prospecting, 52(3): 197-212.

Muchingami I, Hlatywayo D J, Nel J M, et al. 2012. Electrical resistivity survey for groundwater investigations and shallow subsurface evaluation of the basaltic-greenstone formation of the urban Bulawayo aquifer. Physics & Chemistry of the Earth, 50-52(2012): 44-52.

Mufti I R. 1976. Finite-difference resistivity modeling for arbitrarily shaped two-dimensional structures. Geophysics, 41(1): 62.

Mufti I R. 2012. A practical approach to finite-difference resistivity modeling. Geophysics, 43: 5(7): 1527-1527.

Mulder W. 2006. A multigrid solver for 3D electromagnetic diffusion. Geophysical Prospecting, 54(5): 633-649.

Mulder W. 2008. Geophysical modelling of 3D electromagnetic diffusion with multigrid. Computing and Visualization in Science, 11(3): 129-138.

Myeong-Jong Y, Kim J H, Song Y, et al. 2001. Three-dimensional imaging of subsurface structures using resistivity data. Geophysical Prospecting, 49(4): 483-497.

Nabighian M N. 1988. Electromagnetic methods in applied geophysics. SEG Books.

Noel M, Xu B. 1991. Archaeological investigation by electrical resistivity tomography: a preliminary study. Geophysical Journal International, 107(1): 95-102.

Oden J T, Prudhomme S. 2001. Goal-oriented error estimation and adaptivity for the finite element method. Computers & Mathematics with Applications, 41(5): 735-756.

Ogilvy R D, Meldrum P I, Kuras O, et al. 2009. Automated monitoring of coastal aquifers with electrical resistivity tomography. Near Surface Geophysics, 7(5-6): 367-375.

Okabe M. 1981. Boundary element method for arbitrary inhomogeneities problem in electrical prospecting. Geophysical Prospecting, 29(1): 39-59.

Pain C C, Herwanger J V, Saunders J H, et al. 2003. Anisotropic resistivity inversion. Inverse Problems, 19(5): 1081.

Pan K, Tang J. 2014. 2.5-D and 3-D DC resistivity modelling using an extrapolation cascadic multigrid method. Geophysical Journal International, 197(3): 1459-1470.

Pan K, He D, Hu H. 2017a. An extrapolation cascadic multigrid method combined with a fourth order compact scheme for 3D poisson equation. Journal of Scientific Computing, 70(3): 1180-1203.

Pan K, He D, Hu H, et al. 2017b. A new extrapolation cascadic multigrid method for three dimensional elliptic boundary value problems. Journal of Computational Physics, 344:499-515.

Penz S, Chauris H, Donno D, et al. 2013. Resistivity modelling with topography. Geophysical Journal International, 194(3): 1486-1497.

Perri M T, Cassiani G, Gervasio I, et al. 2012. A saline tracer test monitored via both surface and cross-borehole electrical resistivity tomography: comparison of time-lapse results. Journal of Applied Geophysics, 79: 6-16.

Pettinelli E, Beaubien S E, Zaja A, et al. 2010. Characterization of a CO_2 gas vent using various geophysical and geochemical methods. Geophysics, 75(3): B137-B146.

Pidlisecky A, Knight R. 2008. FW2_5D: A MATLAB 2.5-D electrical resistivity modeling code. Computers & Geosciences, 34(12): 1645-1654.

Pridmore D, Hohmann G, Ward S, et al. 1981. An investigation of finite-element modeling for electrical and electromagnetic data in three dimensions. Geophysics, 46(7): 1009-1024.

Qi T, Feng G, Li Y, et al. 2015. Effects of fine gangue on strength, resistivity, and microscopic properties of cemented coal gangue backfill for coal mining. Shock & Vibration, 2015: 1-11.

Qin J M, Zhang Y, Cao J M, et al. 2011. Characterization of the transparent n-type ZnO ceramic with low resistivity prepared under high pressure. Acta Physica Sinica, 60(3): 451-454.

Queralt P, Pous J, Marcuello A. 1991. 2-D resistivity modeling: An approach to arrays parallel to the strike direction. Geophysics, 56(56): 941-950.

Ren Z, Tang J. 2010. 3D direct current resistivity modeling with unstructured mesh by adaptive finite-element method. Geophysics, 75(1): H7-H17.

Ren Z, Tang J. 2014. A goal-oriented adaptive finite-element approach for multi-electrode resistivity system. Geophysical Journal International, 199(1): 136-145.

Ren Z, Kalscheuer T, Greenhalgh S, et al. 2013. A goal-oriented adaptive finite-element approach for plane wave 3-D electromagnetic modelling. Geophysical Journal International, 194(2): 700-718.

Reynolds J M. 2011. An Introduction to Applied and Environmental Geophysics. Hoboken: John Wiley & Sons.

Robert G V N, Kenneth L C. 1966. A presentation of mathematical potential theory and practical field application for the direct-current methods of electrical resistivity prospecting. G S P P, 499: 309.

Rodi W, Mackie R L. 2001. Nonlinear Conjugate Gradients Algorithm For 2-D Magnetotelluric Inversion. Geophysics, 66(1): 174-187.

Rücker C, Günther T. 2011. The simulation of finite ERT electrodes using the complete electrode model. Geophysics, 76(4): F227-F238.

Rücker C, Günther T, Spitzer K. 2006. Three-dimensional modelling and inversion of dc resistivity data incorporating topography—I. Modelling. Geophysical Journal International, 166(2): 495-505.

Rucker D. 2010. Moisture estimation within a mine heap: An application of cokriging with assay data and electrical resistivity. Geophysics, 75(1): B11.

Rucker D F, Loke M H, Levitt M T, et al. 2010a. Electrical-resistivity characterization of an industrial site using long electrodes. Geophysics, 75(4): WA95.

Rucker D F, Noonan G E, Greenwood W J. 2010b. Electrical resistivity in support of geological mapping along the Panama Canal. Engineering Geology, 117(1): 121-133.

Rucker D F, Fink J B, Loke M H. 2011. Environmental monitoring of leaks using time-lapsed long electrode electrical resistivity. Journal of Applied Geophysics, 74(4): 242-254.

Rucker D F, Crook N, Glaser D, et al. 2012. Pilot-scale field validation of the long electrode electrical resistivity tomography method. Geophysical Prospecting, 60(6): 1150-1166.

Saad Y. 2003. Iterative Methods for Sparse Linear Systems. SIAM.

Samouëlian A, Cousin I, Tabbagh A, et al. 2005. Electrical resistivity survey in soil science: A review. Soil and Tillage research, 83(2): 173-193.

Sasaki Y. 1999. 3-D resistivity inversion using the finite-element method. Seg Technical Program Expanded Abstracts, 11(1): 1839-1848.

Schenk O, Gärtner K. 2004. Solving unsymmetric sparse systems of linear equations with PARDISO. Future Generation Computer Systems, 20(3): 475-487.

Schwarzbach C, Haber E. 2013. Finite element based inversion for time-harmonic electromagnetic problems. Geophysical Journal International, 193(2): 615-634.

Seher T, Tezkan B. 2007. Radiomagnetotelluric and Direct Current Resistivity measurements for the characterization of conducting soils. Journal of Applied Geophysics, 63(1): 35-45.

Shewchuk J R. 2002. Delaunay refinement algorithms for triangular mesh generation. Computational Geometry-Theory and Applications, 22(1-3): 21-74.

Si H, TetGen A. 2006. A quality tetrahedral mesh generator and three-dimensional delaunay triangulator. Germany: Weierstrass Institute for Applied Analysis and Stochastic.

Si H. 2015. TetGen, a Delaunay-Based Quality Tetrahedral Mesh Generator. Acm Transactions on Mathematical Software, 41(2): 1-36.

Slater L, Binley A. 2003. Evaluation of permeable reactive barrier(PRB) integrity using electrical imaging methods. Geophysics, 68(3): 911-921.

Snyder D D. 1976. A method for modeling the resistivity and ip response of two-dimensional bodies. Geophysics, 41(5): 997-1015.

Spitzer K. 1995. A 3-D finite-difference algorithm for DC resistivity modelling using conjugate gradient methods. Geophysical Journal International, 123(3): 903-914.

Storz H, Storz W, Jacobs F. 2000. Electrical resistivity tomography to investigate geological structures of the earth's upper crust. Geophysical Prospecting, 48(3): 455-471.

Stratton J A. 2007. Electromagnetic Theory. America: John Wiley & Sons.

Stummer P, Maurer H, Green A G. 2004. Experimental design: Electrical resistivity data sets that provide optimum subsurface information. Geophysics, 69(1): 120-139.

Tang J T, Wang F Y, Xiao X A, et al. 2011. 2.5-D DC resistivity modeling considering flexibility and accuracy. Journal of Earth Science, 22(1): 124-130.

Tsokas G N, Tsourlos P I, Vargemezis G, et al. 2008. Non-destructive electrical resistivity tomography for indoor investigation: the case of Kapnikarea Church in Athens. Archaeological Prospection, 15(1): 47-61.

Udphuay S, Günther T, Everett M E, et al. 2011. Three-dimensional resistivity tomography in extreme coastal terrain amidst dense cultural signals: application to cliff stability assessment at the historic D-Day site. Geophysical Journal International, 185(1): 201-220.

Wait J R. 1990. Current flow into a three-dimensionally anisotropic conductor. Radio Science, 25(5): 689-694.

Wang T, Fang S. 2001. 3-D electromagnetic anisotropy modeling using finite differences. Geophysics, 66(5): 1386-1398.

Wang W, Wu X, Spitzer K. 2013. Three-dimensional DC anisotropic resistivity modelling using finite elements on unstructured grids. Geophysical Journal International, 193(2): 734-746.

Wilkinson P B, Meldrum P I, Chambers J E, et al. 2006. Improved strategies for the automatic selection of optimized sets of electrical resistivity tomography measurement configurations. Geophysical Journal International, 167(3): 1119-1126.

Wilson S R, Ingham M, Mcconchie J A. 2006. The applicability of earth resistivity methods for saline interface definition. Journal of Hydrology, 316(1-4): 301-312.

Wu X P. 2003. A 3-D finite-element algorithm for DC resistivity modelling using the shifted incomplete Cholesky conjugate gradient method. Geophysical Journal International, 154(3): 947-956.

Wu X, Xiao Y, Qi C, et al. 2003. Computations of secondary potential for 3D DC resistivity modelling using an incomplete Choleski conjugate-gradient method. Geophysical Prospecting, 51(6): 567-577.

Xu S Z, Gao Z, Zhao S K. 1988. An integral formulation for 3-D terrain modeling for resistivity surveys. Geophysics, 53(4): 546-552.

Xu S Z, Duan B C, Zhang D H. 2000. Selection of the wavenumbers k using an optimization method for the inverse Fourier transform in 2.5D electrical modelling. Geophysical Prospecting, 48(5): 789-796.

Xu S Z, Ni Y, Zhao S K. 2012. A boundary element method for 2D DC resistivity modeling with a point current source. Geophysics, 63(2): 399-404.

Yan B, Li Y G, Liu Y. 2016. Adaptive finite element modeling of direct current resistivity in 2-D generally anisotropic structures. Journal of Applied Geophysics, (130): 169-176.

Yi M J, Kim J H, Son J S. 2011. Three-dimensional anisotropic inversion of resistivity tomography data in an abandoned mine area. Exploration Geophysics, 42(1): 7-17.

Yin C C, Qi Y F, Liu Y H. 2016. 3D time-domain airborne EM modeling for an arbitrarily anisotropic earth. Journal of Applied Geophysics, 131: 163-178.

Yin C. 2000. Geoelectrical inversion for a one-dimensional anisotropic model and inherent non-uniqueness. Geophysical Journal International, 140(1): 11-23.

Yin C, Maurer H M. 2001. Electromagnetic induction in a layered earth with arbitrary anisotropy. Geophysics, 66(5): 1405-1416.

Yin C, Weidelt P. 1999. Geoelectrical fields in a layered earth with arbitrary anisotropy. Geophysics, 64(2): 426-434.

Yin C, Zhang B, Liu Y, et al. 2016. A goal-oriented adaptive finite-element method for 3D scattered airborne electromagnetic method modeling. Geophysics, 81(5): E337-E346.

Zhang J J, Qi L Y, Li Y J, et al. 2016. Effects of Pr proportion on the resistivity, structure, grain size and Mn valence of the $Ca_{1-x}Pr_xMnO_3$ powders. Materials Research Bulletin, 84: 132-138.

Zhang J, Mackie R L, Madden T R. 1994. 3-D resistivity forward modeling and inversion using conjugate gradients. Geophysics, 60(5): 1313-1325.

Zhao S, Yedlin M J. 1996. Some refinements on the finite-difference method for 3-D dc resistivity modeling. Geophysics, 61(5): 1301-1307.

Zhdanov M S, Lee S K, Yoshioka K. 2006. Integral equation method for 3D modeling of electromagnetic fields in complex structures with inhomogeneous background conductivity. Geophysics, 71(6): G333-G345.

Zhou B, Greenhalgh M, Greenhalgh S. 2009. 2.5-D/3-D resistivity modelling in anisotropic media using Gaussian quadrature grids. Geophysical Journal International, 176(1): 63-80.

Zhu J Z, Taylor Z R L, Zienkiewicz O C. 2013. The finite element method: its basis and fundamentals. Elsevier.

Zhu T, Feng R. 2011. Resistivity tomography with a vertical line current source and its applications to the evaluation of residual oil saturation. Journal of Applied Geophysics, 73(2): 155-163.

Zienkiewicz O C. 2006. The background of error estimation and adaptivity in finite element computations. Computer Methods in Applied Mechanics and Engineering, 195(4): 207-213.

Zienkiewicz O C, Taylor R L. 2000. The Finite Eement Method: Solid Mechanics. Butterworth-heinemann.

Zienkiewicz O C, Zhu J Z. 1987. A simple error estimator and adaptive procedure for practical engineerng analysis. International Journal for Numerical Methods in Engineering, 24(2):

337-357.

Zienkiewicz O C, Zhu J Z. 1992a. The superconvergent patch recovery and a posteriori error estimates. Part 1: The recovery technique. International Journal for Numerical Methods in Engineering, 33(7): 1331-1364.

Zienkiewicz O C, Zhu J Z. 1992b. The superconvergent patch recovery and a posteriori error estimates. Part 2: Error estimates and adaptivity. International Journal for Numerical Methods in Engineering, 33(7): 1365-1382.

Zienkiewicz O C, Taylor R L, Zienkiewicz O C, et al. 1977. The Finite Element Method. London: McGraw-Hill.

附录 简单模型解析解

A.1 点电流源电流场中球体的电场

如图 A.1 所示：设在均匀各向同性的，电阻率为 ρ_1 的无限岩石中，有一半径为 r_0、电阻率为 ρ_2 的球体。在距球心为 d 的位置上有一点为电流源 A，其电流为 I，观测点 M 与 A 的距离为 R，与球心的距离为 r。现采用解拉普拉斯方程的方法求解。

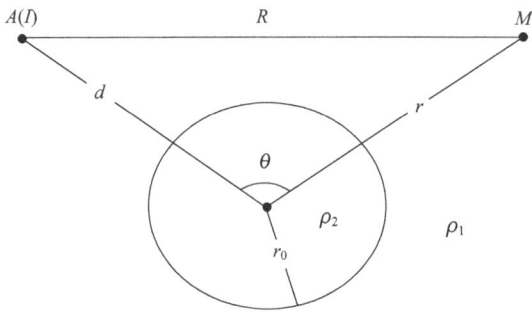

图 A.1 点源电流场中的导电球体

球内、球外电位由两部分电位（正常电位和异常电位）叠加而成，这里将叠加以后的电位称为一次场电位，而将异常电位称为一次场异常电位，表示为

$$\begin{cases} U_1^{(2)} = U_0 + U_{1a}^{(2)} & \text{球内} \\ U_1^{(1)} = U_0 + U_{1a}^{(1)} & \text{球外} \end{cases} \tag{A.1}$$

式中，$U_{1a}^{(2)}$、$U_{1a}^{(1)}$ 为异常电位，U_0 为正常电位：

$$U_0 = \frac{I\rho_1}{4\pi R} \tag{A.2}$$

取球坐标系并令原点位于球心时，由于球内球外的电位具有轴对称性，故位函数与 φ 无关，于是异常场电位满足下列形式的拉普拉斯方程：

$$\frac{\partial}{\partial r}\left(r^2 \frac{\partial u}{\partial r}\right) + \frac{1}{\sin\theta} \cdot \frac{\partial}{\partial \theta}\left(\sin\theta \frac{\partial u}{\partial \theta}\right) = 0 \tag{A.3}$$

设异常电位 $U_{1a}^{(1)}(r,\theta)$ 为只含 r 的函数 $f(r)$ 和只含 θ 的函数 $\varphi(\theta)$ 的乘积。

$$U_{1a}^{(1)}(r,\theta) = f(r)\varphi(\theta) \tag{A.4}$$

将式(A.4)代入式(A.3)并稍加整理可得

$$\frac{1}{f(r)} \cdot \frac{\partial}{\partial r}\left(r^2 \frac{\partial f(r)}{\partial r}\right) + \frac{1}{\varphi(\theta) \cdot \sin\theta} \cdot \frac{\partial}{\partial \theta}\left(\sin\theta \frac{\partial \varphi(\theta)}{\partial \theta}\right) = 0 \tag{A.5}$$

由于式(A.5)左边是两个互不相关的函数之和，因此要使其成立，必须认为它们等于一个常数 C，即

$$\frac{1}{f(r)} \cdot \frac{\partial}{\partial r}\left(r^2 \frac{\partial f(r)}{\partial r}\right) = C \tag{A.6}$$

$$\frac{1}{\varphi(\theta) \cdot \sin\theta} \cdot \frac{\partial}{\partial \theta}\left(\sin\theta \frac{\partial \varphi(\theta)}{\partial \theta}\right) = -C \tag{A.7}$$

式(A.6)又可以写成：

$$r^2 \frac{d^2 f(r)}{dr^2} + 2r \frac{df(r)}{dr} - Cf(r) = 0 \tag{A.8}$$

这便是欧拉方程。令 $\ln r = t$，它可变为常系数线性方程：

$$\frac{d^2 f(r)}{dt^2} + \frac{df(r)}{dt} - Cf(r) = 0 \tag{A.9}$$

其特征方程 $\lambda^2 + \lambda - C = 0$ 的两个根为

$$\lambda_{1,2} = \frac{1}{2}(-1 \pm \sqrt{1+4C}) \tag{A.10}$$

为使根号内取完全平方形式，将任意常数 C 改为：$C = n(n+1)$，这里 n 仍为任意常数，这样式(A.10)的两个根便为 n 和 $(n+1)$，故式(A.6)两个线性无关的特解为：$f(r) = r^n$，$f(r) = r^{-(n+1)}$，将 $C = n(n+1)$ 代入式(A.7)，则有

$$\frac{1}{\sin\theta} \cdot \frac{\partial}{\partial \theta}\left(\sin\theta \frac{\partial \varphi(\theta)}{\partial \theta}\right) + n(n+1)\varphi(\theta) = 0 \tag{A.11}$$

式(A.11)为当 n 等于任意整数时的勒让德方程，其解为：$\varphi(\theta) = P_n(\cos\theta)$，这里 $P_n(\cos\theta)$ 为 $\cos\theta$ 的 n 次勒让德多项式，由 $f(r) = r^n$，$f(r) = r^{-(n+1)}$，$\varphi(\theta) = P_n(\cos\theta)$ 可认为式(A.3)的一个特解应为

$$U_{1a}(r,\theta) = A_n r^n P_n(\cos\theta) + B_n r^{-(n+1)} P_n(\cos\theta)$$

式中，A_n 和 B_n 为待定常数。根据极限条件：由于球内的异常电位 $U_{1a}^{(2)}(r,\theta)$，$r \to 0$ 时，$r^{-(n+1)} \to 0$，故在球内应取 $B_n = 0$；当 $r \to \infty$ 时，球外异常电位 $U_{1a}^{(1)}(r,\theta) = 0$ 且 $r^n \to \infty$，故在球外应取 $A_n = 0$。这样，球内、球外异常电位的一般解可写成：

$$\left.\begin{array}{l}U_{1a}^{(2)}(r,\theta)=\sum_{n=0}^{\infty}A_{n}r^{n}P_{n}(\cos\theta)\\U_{1a}^{(1)}(r,\theta)=\sum_{n=0}^{\infty}B_{n}r^{-(n+1)}P_{n}(\cos\theta)\end{array}\right\} \quad (\text{A.12})$$

于是一次场电位则由下式表示：

$$\left.\begin{array}{l}U_{1}^{(2)}(r,\theta)=\dfrac{I\rho_{1}}{4\pi R}+\sum_{n=0}^{\infty}A_{n}r^{n}P_{n}(\cos\theta)\\U_{1}^{(1)}(r,\theta)=\dfrac{I\rho_{1}}{4\pi R}+\sum_{n=0}^{\infty}B_{n}r^{-(n+1)}P_{n}(\cos\theta)\end{array}\right\} \quad (\text{A.13})$$

为确定上式中的系数 A_n、B_n，将 $1/R$ 写成按多项式展开的级数：由图 A.1 可知：$R=\sqrt{d^{2}+r^{2}-2dr\cos\theta}$，只要观测 M 到球心的距离小于 d，由 $1/R$ 可按多项式展开：

$$\begin{aligned}\dfrac{1}{R}&=\dfrac{1}{d}\left[1+\left(\dfrac{r}{d}\right)^{2}-2\dfrac{r}{d}\cos\theta\right]^{-1/2}\\&=\dfrac{1}{d}\left[1+\dfrac{r}{d}\cos\theta+\left(\dfrac{r}{d}\right)^{2}\left(\dfrac{3}{2}\cos^{2}\theta-\dfrac{1}{2}\right)+\left(\dfrac{r}{d}\right)^{3}\left(\dfrac{5}{2}\cos^{3}\theta-3\cos\theta\right)+\cdots\right]\end{aligned} \quad (\text{A.14})$$

上式中方括号内 $\left(\dfrac{r}{d}\right)^{n}$ 的系数就是对于 $\cos\theta$ 的 n 阶勒让德多项式，因此上式可简化为

$$\dfrac{1}{R}=\dfrac{1}{d}\sum_{n=0}^{\infty}\left(\dfrac{r}{d}\right)^{n}\cdot P_{n}(\cos\theta) \quad (\text{A.15})$$

于是式(A.13)可写成：

$$\left.\begin{array}{l}U_{1}^{(2)}(r,\theta)=\dfrac{I\rho_{1}}{4\pi}\cdot\dfrac{1}{d}\sum_{n=0}^{\infty}\left(\dfrac{r}{d}\right)^{n}\cdot P_{n}(\cos\theta)+\sum_{n=0}^{\infty}A_{n}r^{n}P_{n}(\cos\theta)\\U_{1}^{(1)}(r,\theta)=\dfrac{I\rho_{1}}{4\pi}\cdot\dfrac{1}{d}\sum_{n=0}^{\infty}\left(\dfrac{r}{d}\right)^{n}\cdot P_{n}(\cos\theta)+\sum_{n=0}^{\infty}B_{n}r^{-(n+1)}P_{n}(\cos\theta)\end{array}\right\},$$

用 q 表示 $\dfrac{I\rho_{1}}{4\pi}$，并作一些变换后则上式可写成：

$$\left.\begin{array}{l}U_{1}^{(2)}=\sum_{n=0}^{\infty}\left(q\cdot\dfrac{r^{n}}{d^{n+1}}+A_{n}r^{n}\right)P_{n}(\cos\theta)\\U_{1}^{(1)}=\sum_{n=0}^{\infty}\left(q\cdot\dfrac{r^{n}}{d^{n+1}}+B_{n}r^{-(n+1)}\right)P_{n}(\cos\theta)\end{array}\right\} \quad (\text{A.16})$$

根据球体和围岩分界面上电位连续和电流密度法向分量连续的边界条件，应有

$$\left.\begin{aligned}\sum_{n=0}^{\infty}\left(q\cdot\frac{r_0^n}{d^{n+1}}+A_nr_0^n\right)P_n(\cos\theta)&=\sum_{n=0}^{\infty}\left(q\cdot\frac{r_0^n}{d^{n+1}}+B_nr_0^{-(n+1)}\right)P_n(\cos\theta)\\ \frac{1}{\rho_2}\sum_{n=0}^{\infty}\left(q\cdot\frac{nr_0^{n-1}}{d^{n+1}}+nA_nr_0^n\right)P_n(\cos\theta)&=\frac{1}{\rho_1}\sum_{n=0}^{\infty}\left(q\cdot\frac{nr_0^{n-1}}{d^{n+1}}-(n+1)B_nr_0^{-(n+2)}\right)P_n(\cos\theta)\end{aligned}\right\}$$

(A.17)

因为这些等式对于所有值都应满足，所以在每一等式中[$P_n(\cos\theta)$]多项式的系数必须相等，于是可写出

$$q\cdot\frac{r_0^n}{d^{n+1}}+A_nr_0^n=q\cdot\frac{r_0^n}{d^{n+1}}+B_nr_0^{-(n+1)} \tag{A.18}$$

$$\frac{1}{\rho_2}\left(q\cdot\frac{nr_0^{n-1}}{d^{n+1}}+nA_nr_0^n\right)=\frac{1}{\rho_1}\left(q\cdot\frac{nr_0^{n-1}}{d^{n+1}}-(n+1)B_nr_0^{-(n+2)}\right) \tag{A.19}$$

联立上面两式可求得

$$\left.\begin{aligned}A_n&=q\frac{(\rho_2-\rho_1)n}{\rho_1n+\rho_2(n+1)}\cdot\frac{1}{d^{n+1}}\\ B_n&=q\frac{(\rho_2-\rho_1)n}{\rho_1n+\rho_2(n+1)}\cdot\frac{r_0^{2n+1}}{d^{n+1}}\end{aligned}\right\}$$

(A.20)

将 A_n、B_n 值代入式（A.16）中，最后便得球体内部和外部一次场的电位表达式：

$$\left.\begin{aligned}U_1^{(2)}&=\frac{I\rho_1}{4\pi}\left[\frac{1}{R}+\sum_{n=0}^{\infty}\frac{(\rho_2-\rho_1)n}{\rho_1n+\rho_2(n+1)}\cdot\frac{r^n}{d^{n+1}r^{n+1}}P_n(\cos\theta)\right]\\ U_1^{(1)}&=\frac{I\rho_1}{4\pi}\left[\frac{1}{R}+\sum_{n=0}^{\infty}\frac{(\rho_2-\rho_1)n}{\rho_1n+\rho_2(n+1)}\cdot\frac{r_0^{2n+1}}{d^{n+1}r^{n+1}}P_n(\cos\theta)\right]\end{aligned}\right\}$$

(A.21)

以上讨论的是无限介质全空间情况，半空间下采用将一次场电位简单加倍的方法，考虑到观测点是在地面进行的，因而可以写出球外一次场的电位表达式为

$$U_1=\frac{I\rho_1}{2\pi}\left[\frac{1}{R}+2\sum_{n=0}^{\infty}\frac{(\rho_2-\rho_1)n}{\rho_1n+\rho_2(n+1)}\cdot\frac{r_0^{2n+1}}{d^{n+1}r^{n+1}}P_n(\cos\theta)\right] \tag{A.22}$$

取 $n=1$ 时，则

$$U_1^{(1)}=\frac{I\rho_1}{2\pi}\left[\frac{1}{R}+2\left(\frac{(\rho_2-\rho_1)}{\rho_1+2\rho_2}\cdot\frac{r_0^3}{d^2r^2}P_1(\cos\theta)\right)\right] \tag{A.23}$$

若以球心在地面的投影点为原点，点电源 A 与投影点的连线方向为 x 方向，球心埋深为 h_0，由 $E=-\dfrac{\partial U}{\partial x}$，则可以求出沿 x 方向的电场强度表达式：

$$E = \frac{I\rho_1}{2\pi}\left[\frac{1}{(\sqrt{d^2-h_0^2}+x)^2} - 2\frac{(\rho_2-\rho_1)}{\rho_1+2\rho_2}\cdot\frac{r_0^3}{d^3}\cdot\frac{4x^2\sqrt{d^2-h_0^2}-3xh_0^2+h_0^2\sqrt{d^2-h_0^2}}{(h_0^2+x^2)^{5/2}}\right]$$
(A.24)

最后由 $\rho_s = \frac{2\pi R^2 E}{I}$，可求得梯度排列的视电阻率 ρ_s：

$$\rho_s = \rho_1\left[1 - 2\frac{(\rho_2-\rho_1)}{\rho_1+2\rho_2}\cdot\frac{r_0^3}{d^3}\cdot\frac{4px^2-3h_0^2x+(4p^2+h_0^2p)x^2+3h_0^2px+h_0^2p^2}{(h_0^2+x^2)^{5/2}}\right]$$ (A.25)

式中，$p = \sqrt{d^2-h_0^2}$。

A.2 在垂直接触面不同岩石中的点源电场

如图 A.2 所示，设点源 A 位于垂直分界面左边岩石的地面上，A 与分界面的距离为 d。求解电阻率为 ρ_1 的岩石中任一点 M_1 的电位和电阻率为 ρ_2 的岩石中任一点 M_2 的电位，此处采用镜像法求解。

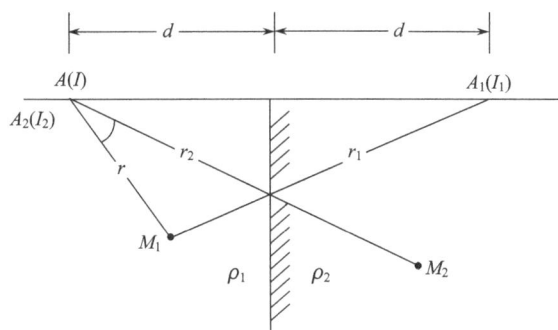

图 A.2 垂直接触面两边电场分布的镜像法图示

M_1 的电位为 $A(I)$ 和 $A_1(I_1)$ 两个点电源产生的电位之和：

$$U_1 = \frac{I\rho_1}{2\pi r} + \frac{I_1\rho_1}{2\pi r_1}$$ (A.26)

M_2 的电位为

$$U_2 = \frac{I_2\rho_2}{2\pi r_2}$$ (A.27)

根据分界面上电位连续和电流密度法向分量连续可得

$$\begin{cases} \dfrac{I\rho_1}{2\pi r} + \dfrac{I_1\rho_1}{2\pi r_1} = \dfrac{I_2\rho_2}{2\pi r_2} \\ \dfrac{1}{\rho_1}\left[\dfrac{I\rho_1}{2\pi} \cdot \dfrac{\partial\left(\dfrac{1}{r}\right)}{\partial x} + \dfrac{I_1\rho_1}{2\pi} \cdot \dfrac{\partial\left(\dfrac{1}{r_1}\right)}{\partial x} \right] = \dfrac{1}{\rho_2} \cdot \dfrac{I_2\rho_2}{2\pi} \cdot \dfrac{\partial\left(\dfrac{1}{r_2}\right)}{\partial x} \end{cases} \quad (A.28)$$

在分界面上：$r = r_1 = r_2$，上式可简化为

$$\begin{cases} (I + I_1)\rho_1 = I_2\rho_2 \\ I - I_1 = I_2 \end{cases} \quad (A.29)$$

可解得

$$\begin{cases} I_1 = \dfrac{\rho_2 - \rho_1}{\rho_2 + \rho_1} I = K_{12} I \\ I_2 = I - \dfrac{\rho_2 - \rho_1}{\rho_2 + \rho_1} I = (1 - K_{12}) I \end{cases} \quad (A.30)$$

式中，$K_{12} = \dfrac{\rho_2 - \rho_1}{\rho_2 + \rho_1}$，将式(A.30)代入式(A.26)和式(A.27)可得电位的具体表达式：

$$\begin{cases} U_1 = \dfrac{I\rho_1}{2\pi}\left(\dfrac{1}{r} + \dfrac{K_{12}}{r_1}\right) \\ U_2 = \dfrac{I\rho_2}{2\pi} \dfrac{(1 - K_{12})}{r_2} \end{cases} \quad (A.31)$$

当观测点 M_1 和 M_2 位于地面且在由 A 到分界面的垂直线上时，由式(A.31)可写出：

$$\begin{cases} U_1 = \dfrac{I\rho_1}{2\pi}\left(\dfrac{1}{x} + \dfrac{K_{12}}{2d - x}\right) \\ U_2 = \dfrac{I(1 - K_{12})\rho_2}{2\pi x} = \dfrac{I(1 + K_{12})\rho_1}{2\pi x} \end{cases} \quad (A.32)$$

取坐标原点为 A，x 为观测点坐标位置，由式(A.32)可写出 ρ_1 和 ρ_2 的岩石上沿 x 方向的电场强度表达式：

$$\begin{cases} E_1 = \dfrac{I\rho_1}{2\pi}\left[\dfrac{1}{x^2} - \dfrac{K_{12}}{(2d - x)^2}\right] \\ E_2 = \dfrac{I\rho_2}{2\pi}\dfrac{1 - K_{12}}{x^2} = \dfrac{I\rho_1}{2\pi}\dfrac{1 + K_{12}}{x^2} \end{cases} \quad (A.33)$$

对于梯度电极系，当 $MN \to 0 \Rightarrow \rho_s^A = 2\pi L^2 \dfrac{E_{MN}^A}{I}$。当供电电极（$A$）和测量电极中点（$O$）均在 ρ_1 岩石上时，可求得

$$\rho_s^A(1,1) = \rho_1 \left[1 - \dfrac{K_{12} x^2}{(2d - x)^2} \right] \tag{A.34}$$

当供电电极（A）在 ρ_1 和测量极在 ρ_2 岩石，可求得

$$\rho_s^A(1,2) = \dfrac{2\rho_1 \rho_2}{\rho_1 + \rho_2} \tag{A.35}$$

当供电电极和测量极均在 ρ_2 岩石时，则

$$\rho_s^A(2,2) = \rho_2 \left[1 - \dfrac{K_{12} x^2}{(2d + x)^2} \right] \tag{A.36}$$

A.3　多层水平地层地面点电流源的电场

如图 A.3 所示，假定地面是水平的，在地面以下有 n 层水平地层，各层电阻率分别为 ρ_1, ρ_2, $\cdots$, ρ_n，厚度分别为 h_1, h_2, $\cdots$, h_n，每层底面到地面的距离为 H_1, H_2, $\cdots$, H_{n-1}, $H_n = \infty$。在 A 点有一点电流源供电，其电流强度为 I。引用圆柱坐标系，将原点设在 A 点，Z 轴垂直向下，由于问题的解对 Z 轴有对称性，与 φ 无关，故电位分布满足下面形式的拉普拉斯方程：

$$\dfrac{\partial^2 U}{\partial r^2} + \dfrac{1}{r} \dfrac{\partial U}{\partial r} + \dfrac{\partial^2 U}{\partial z^2} = 0 \tag{A.37}$$

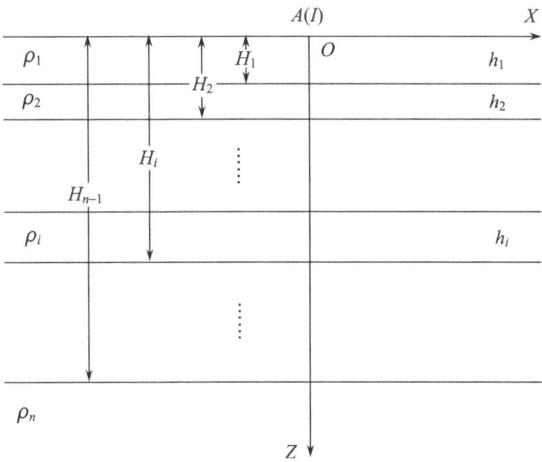

图 A.3　点源电流场中的多层水平地层

用分离变量法求解，设
$$U(r,z) = R(r)Z(z) \tag{A.38}$$
式中，$R(r)$ 为仅含自变量 r 的函数，$Z(z)$ 为仅含自变量 z 的函数，将式(A.38)代入式(A.37)，整理可得

$$-\frac{\dfrac{d^2R(r)}{dr^2} + \dfrac{1}{r}\dfrac{dR(r)}{dr}}{R(r)} = \frac{\dfrac{d^2Z(z)}{dz^2}}{Z(z)} \tag{A.39}$$

上式左边为仅含 r 的函数，右边为仅含 z 的函数，要它们相等，使两边等于同一个常数 m^2，故由式(A.39)可得

$$\frac{d^2R(r)}{dr^2} + \frac{1}{r}\frac{dR(r)}{dr} + m^2 R(r) = 0 \tag{A.40}$$

$$\frac{d^2Z(z)}{dz^2} - m^2 Z(z) = 0 \tag{A.41}$$

式(A.40)为零阶贝塞尔方程，其解便为零阶贝塞尔函数 $J_0(mr)$ 和 $Y_0(mr)$；而式(A.41)的解为 e^{mz} 和 e^{-mz}。由于 $J_0(mr)$ 在 Z 轴上(即 $r=0$)变为无限大，这与电位极限条件不符，故舍掉，于是式(A.37)的通解为

$$U(r,z) = \int_0^\infty \left[A(m)e^{-mz} + B(m)e^{mz} \right] J_0(mr) dm \tag{A.42}$$

其中 $A(m)$ 和 $B(m)$ 为待定的积分变量 m 的函数。由于当 $R = \sqrt{r^2 + z^2} \to 0$ 时，电位 $U = \dfrac{\rho_1 I}{2\pi}\dfrac{1}{R}$，因此，在第一层中的电位表达式为

$$U_1(r,z) = \frac{\rho_1 I}{2\pi}\frac{1}{R} + \int_0^\infty \left[A_1(m)e^{-mz} + B_1(m)e^{mz} \right] J_0(mr) dm \tag{A.43}$$

地面上任意一点的电流密度法向分量为 0：

$$\left.\frac{\partial U_1}{\partial z}\right|_{z=0} = \int_0^\infty \left[B_1(m) - A_1(m) \right] J_0(mr) m\, dm = 0 \tag{A.44}$$

因此 $B_1(m) = A_1(m)$，式(A.43)变为

$$U_1(r,z) = \frac{\rho_1 I}{2\pi}\frac{1}{R} + \int_0^\infty \left[B_1(m)\left(e^{mz} + e^{-mz}\right) \right] J_0(mr) dm \tag{A.45}$$

应用韦伯-李普希兹积分：

$$\int_0^\infty e^{-mz} J_0(mr) dm = \frac{1}{\sqrt{r^2 + z^2}} = \frac{1}{R}$$

所以可将第一层的电位公式写成：

$$U_1 = \int_0^\infty \left[\frac{\rho_1 I}{2\pi} e^{-mz} + B_1(m)(e^{mz} + e^{-mz}) \right] J_0(mr) dm \tag{A.46}$$

第二层以下到第 $n-1$ 层的电位为

$$U_i = \int_0^\infty \left[A_i(m) e^{-mz} + B_i(m) e^{mz} \right] J_0(mr) dm \quad i=1,2,\cdots,n \tag{A.47}$$

当 $z \to \infty$ 时，电位应等于零，故 $B_n(m)=0$，因此第 n 层中的电位为

$$U_n = \int_0^\infty \left[A_n(m) e^{-mz} \right] J_0(mr) dm \tag{A.48}$$

在式 (A.46) 到式 (A.48) 中的系数 A、B 共有 $2(n-1)$ 个，根据各个界面上电位连续和电流密度的法向分量连续的边界条件，可列出：

$$\left.\begin{aligned}
&\int_0^\infty \left[\frac{\rho_1 I}{2\pi} e^{-mH_1} + B_1(m)(e^{-mH_1} + e^{mH_1}) \right] J_0(mr) dm = \int_0^\infty \left[A_2(m) e^{-mH_1} + B_2 e^{mH_1} \right] J_0(mr) dm \\
&\frac{1}{\rho_1} \int_0^\infty \left[-\frac{\rho_1 I}{2\pi} e^{-mH_1} + B_1(m)(e^{mH_1} - e^{-mH_1}) \right] J_0(mr) dm \\
&= \frac{1}{\rho_2} \int_0^\infty \left[-A_2(m) e^{-mH_1} + B_2 e^{mH_1} \right] J_0(mr) m dm \\
&\qquad\qquad \vdots \\
&\int_0^\infty \left[A_i(m) e^{-mH_i} + B_i e^{mH_i} \right] J_0(mr) dm = \int_0^\infty \left[A_{i+1}(m) e^{-mH_i} + B_{i+1} e^{mH_i} \right] J_0(mr) dm \\
&\frac{1}{\rho_i} \int_0^\infty \left[B_i(m) e^{mH_i} - A_i e^{-mH_i} \right] J_0(mr) m dm = \frac{1}{\rho_{i+1}} \int_0^\infty \left[-A_{i+1}(m) e^{-mH_i} + B_{i+1} e^{mH_i} \right] J_0(mr) m dm \\
&\qquad\qquad \vdots \\
&\int_0^\infty \left[A_{n-1}(m) e^{-mH_{n-1}} + B_{n-1} e^{mH_{n-1}} \right] J_0(mr) dm = \int_0^\infty A_n(m) e^{-mH_{n-1}} J_0(mr) dm \\
&\frac{1}{\rho_{n-1}} \int_0^\infty \left[B_{n-1}(m) e^{mH_{n-1}} - A_{n-1} e^{-mH_{n-1}} \right] J_0(mr) m dm = \frac{1}{\rho_n} \int_0^\infty -A_n(m) e^{-mH_{n-1}} J_0(mr) m dm
\end{aligned}\right\} \tag{A.49}$$

求解上列线性方程组便可求出各系数，由于各测深工作在地面上进行，故只研究 $z=0$ 时的点位分布，即只需求出 $B_1(m)$。由上述方程组可解出二层和三层的 $B_1(m)$：

$$B_1^{(2)}(m) = \frac{\rho_1 I}{2\pi} \frac{K_{12} e^{-2mh_1}}{1 - K_{12} e^{-2mh_1}} \tag{A.50}$$

$$B_1^{(3)}(m) = \frac{\rho_1 I}{2\pi} \frac{K_{12} e^{-2mh_1} + K_{23} e^{-2m(h_1+h_2)}}{1 - K_{12} e^{-2mh_1} - K_{23} e^{-2m(h_1+h_2)} + K_{12} K_{23} e^{-2mh_2}} \tag{A.51}$$

式中，$K_{12} = \dfrac{\rho_2 - \rho_1}{\rho_2 + \rho_1}$，$K_{23} = \dfrac{\rho_3 - \rho_2}{\rho_3 + \rho_2}$，于是在地面上（$z=0$）的电位表达式由式（A.46）可写成：

$$U_1(r,0) = \int_0^\infty \left[\frac{\rho_1 I}{2\pi} + 2B_1(m)\right] J_0(mr)\mathrm{d}m \tag{A.52}$$

令 $B_1(m) = \dfrac{\rho_1 I}{2\pi} B(m)$ 则可得

$$U_1(r,0) = \frac{\rho_1 I}{2\pi} \int_0^\infty \left[1 + 2B(m)\right] J_0(mr)\mathrm{d}m \tag{A.53}$$

将上式对 r 微分，并代入 $MN \to 0$ 时的三极装置视电阻率表达式可得

$$\rho_s(r) = 2\pi r^2 \frac{E}{I} = \frac{2\pi r^2}{I}\left(-\frac{\partial U_1}{\partial r}\right) = \rho_1 r^2 \int_0^\infty \left[1 + 2B_1(m)\right] J_1(mr)m\mathrm{d}m \tag{A.54}$$

为便于后面的求解，引入电阻率转换函 $T_1(m) = \rho_1\left[1 + 2B_1(m)\right]$ 后可化简式（A.54）：

$$\rho_s(r) = r^2 \int_0^\infty T_1(m) J_1(mr) m\mathrm{d}m \tag{A.55}$$

$T_1(m)$ 便定义为电阻率转换函数，$B(m)$ 称为核函数。电阻率转换函数或核函数只与电阻率及厚度有关，与 r 无关，因而是表征地电断面性质的函数。

将式（A.50）和式（A.51）代入转换函数的表达式可求得

$$T_1^{(2)}(m) = \rho_1 \frac{1 + K_{12} \mathrm{e}^{-2mh_1}}{1 - K_{12} \mathrm{e}^{-2mh_1}} \tag{A.56}$$

$$T_1^{(3)}(m) = \rho_1 \frac{1 + K_{12} \mathrm{e}^{-2mh_1} + K_{23} \mathrm{e}^{-2m(h_1+h_2)} + K_{12} K_{23} \mathrm{e}^{-2mh_2}}{1 - K_{12} \mathrm{e}^{-2mh_1} - K_{23} \mathrm{e}^{-2m(h_1+h_2)} + K_{12} K_{23} \mathrm{e}^{-2mh_2}} \tag{A.57}$$

将其写为双曲函数形式，用数学归纳法可得到 n 层介质情况下 $T_1(m)$ 的双曲函数表达式：

$$T_1(m) = \rho_1 \operatorname{cth}_{\mathrm{th}} \left\{ mh_1 + \operatorname{cth^{-1}}_{\mathrm{th}^{-1}} \mu_2 \operatorname{cth}_{\mathrm{th}} \left[mh_2 + \cdots + \operatorname{cth^{-1}}_{\mathrm{th}^{-1}} \mu_{n-1} \operatorname{cth}_{\mathrm{th}} \left(mh_{n-1} + \operatorname{cth^{-1}}_{\mathrm{th}^{-1}} \mu_n \right) \right] \right\} \tag{A.58}$$

式中，$u_2 = \dfrac{\rho_2}{\rho_1}$，$u_3 = \dfrac{\rho_3}{\rho_2}$，$\cdots$，$u_n = \dfrac{\rho_n}{\rho_{n-1}}$，当 $u_i > 1$ 时取双曲余切函数，当 $u_i < 1$ 时取双曲正切函数。为了用递推公式计算，规定用 $T_i(m)$ 表示在第 i 层以上各层全部去掉，只存在 $i, i+1, \cdots, n-1, n$ 层时在 i 层表面的电阻率转换函数。显然当 n 层以上全部去掉时，便剩下均匀半无限介质，因此

$$T_n(m) = \rho_n \tag{A.59}$$

当存在 $n-1$ 和 n 这两层时，$T_{n-1}(m)$ 为

$$T_{n-1}(m) = \rho_{n-1} \frac{\rho_{n-1}\left(1-\mathrm{e}^{-2mh_{n-1}}\right) + \rho_n\left(1+\mathrm{e}^{-2mh_{n-1}}\right)}{\rho_{n-1}\left(1+\mathrm{e}^{-2mh_{n-1}}\right) + \rho_n\left(1-\mathrm{e}^{-2mh_{n-1}}\right)} \quad (A.60)$$

这样一层层往上加，可以写出任一层的 T 函数，归纳这些函数可得向上递推公式：

$$T_i(m) = \rho_i \frac{\rho_i(1-\mathrm{e}^{-2mh_i}) + T_{i+1}(1+\mathrm{e}^{-2mh_i})}{\rho_i(1+\mathrm{e}^{-2mh_i}) + T_{i+1}(1-\mathrm{e}^{-2mh_i})} \quad (A.61)$$

或者写为

$$T_i(m) = \frac{\rho_i\left[\rho_i\,\mathrm{th}(mh_i) + T_{i+1}(m)\right]}{\rho_i + T_{i+1}(m)\,\mathrm{th}(mh_i)} \quad (A.62)$$

由上式可以解出向下递推的公式：

$$T_{i+1}(m) = \frac{\rho_i\left[T_i(m) - \rho_i\,\mathrm{th}(mh_i)\right]}{\rho_i - T_i(m)\,\mathrm{th}(mh_i)} \quad (A.63)$$

其中 $\mathrm{th}(mh) = \dfrac{1-\mathrm{e}^{-2mh}}{1+\mathrm{e}^{-2mh}}$，用递推法求出转换函数再代入式 (A.55) 即可得 n 层介质情况下梯度排列的视电阻率表达式。

A.4 点电流源中均匀非各向同性无限介质的电场

如图 A.4 所示，设直角坐标系的原点位于供电点 A，特取 Z 轴垂直于层理，X、Y 轴均沿层理面，则任一点的电流密度满足下式：

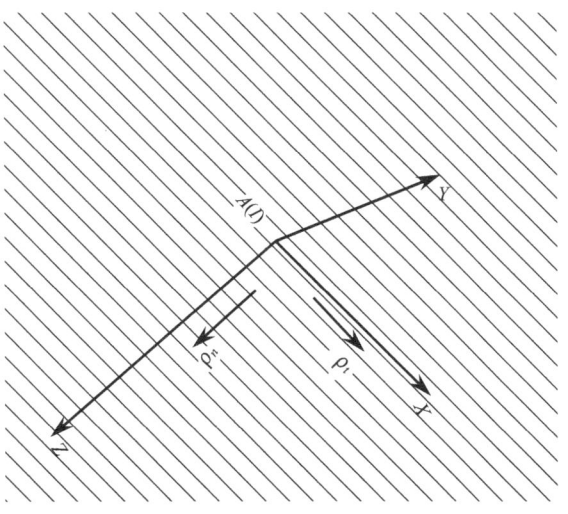

图 A.4　计算均匀、非各向同性介质中点源电场坐标图

$$\begin{cases} j_x = \dfrac{E_x}{\rho_t} = -\dfrac{1}{\rho_t}\dfrac{\partial U}{\partial X} \\ j_y = \dfrac{E_y}{\rho_t} = -\dfrac{1}{\rho_t}\dfrac{\partial U}{\partial Y} \\ j_z = \dfrac{E_z}{\rho_n} = -\dfrac{1}{\rho_n}\dfrac{\partial U}{\partial Z} \end{cases} \quad (\text{A.64})$$

介质中除了点源所在那一点外，电流密度的散度为 0，即

$$\nabla \cdot j = \frac{\partial j_x}{\partial X} + \frac{\partial j_y}{\partial Y} + \frac{\partial j_z}{\partial Z} = 0 \quad (\text{A.65})$$

将式(A.64)代入式(A.65)，可得

$$\frac{1}{\rho_t}\left(\frac{\partial^2 U}{\partial X^2} + \frac{\partial^2 U}{\partial Y^2}\right) + \frac{1}{\rho_n}\frac{\partial^2 U}{\partial Z^2} = 0 \quad (\text{A.66})$$

取 $X_1 = X\sqrt{\rho_t}$，$Y_1 = Y\sqrt{\rho_t}$，$X_1 = Z\sqrt{\rho_n}$，则得

$$\frac{\partial^2 U}{\partial X_1^2} + \frac{\partial^2 U}{\partial Y_1^2} + \frac{\partial^2 U}{\partial Z_1^2} = 0 \quad (\text{A.67})$$

上式的解可写成：

$$U = \frac{D}{\sqrt{X_1^2 + Y_1^2 + Z_1^2}} = \frac{D}{\sqrt{\rho_t\left(X^2 + Y^2\right) + \rho_n Z^2}} \quad (\text{A.68})$$

从而：

$$\begin{cases} j_x = -\dfrac{1}{\rho_t}\dfrac{\partial U}{\partial X} = \dfrac{DX}{\left[\rho_t\left(X^2 + Y^2\right) + \rho_n Z^2\right]^{3/2}} \\ j_y = -\dfrac{1}{\rho_t}\dfrac{\partial U}{\partial Y} = \dfrac{DY}{\left[\rho_t\left(X^2 + Y^2\right) + \rho_n Z^2\right]^{3/2}} \\ j_z = -\dfrac{1}{\rho_n}\dfrac{\partial U}{\partial Z} = \dfrac{DZ}{\left[\rho_t\left(X^2 + Y^2\right) + \rho_n Z^2\right]^{3/2}} \end{cases} \quad (\text{A.69})$$

因此有

$$j = \left(j_x^2 + j_y^2 + j_z^2\right)^{1/2} = \frac{D\left(X^2 + Y^2 + Z^2\right)^{1/2}}{\left[\rho_t\left(X^2 + Y^2\right) + \rho_n Z^2\right]^{3/2}} \quad (\text{A.70})$$

又 $I = \int \left(j_x^2 + j_y^2 + j_z^2\right)^{1/2} \mathrm{d}S$，利用球坐标系，取极轴与 Z 轴重合，沿半径为 r 的球面积分，令 $X = r\sin\theta\cos\varphi$，$Y = r\sin\theta\sin\varphi$，$Z = r\cos\theta$，$\mathrm{d}S = r^2\sin\theta\mathrm{d}\varphi\mathrm{d}\theta$，则

$$I = D\int_{\theta=0}^{\pi}\int_{\varphi=0}^{2\pi}\frac{\sin\theta \mathrm{d}\varphi \mathrm{d}\theta}{\left(\rho_t \sin^2\theta + \rho_n \cos^2\theta\right)^{3/2}} = \frac{4\pi D}{\rho_t\sqrt{\rho_n}} \Rightarrow D = \frac{I\rho_t\sqrt{\rho_n}}{4\pi} \quad (A.71)$$

最后可求得非各向同性的无限介质中点电源的电位表达式为

$$U = \frac{I\rho_t\sqrt{\rho_n}}{4\pi\left[\rho_t\left(X^2+Y^2\right)+\rho_n Z^2\right]^{1/2}} \quad (A.72)$$

考虑到 $\rho_m = \sqrt{\rho_t \cdot \rho_n}$ 为平均电阻率,$\lambda = \sqrt{\dfrac{\rho_n}{\rho_t}}$ 为非各向同性系数,故

$$U = \frac{I\rho_m}{4\pi\left(X^2+Y^2+\lambda^2 Z^2\right)^{1/2}} \quad (A.73)$$

电场强度各分量及总电场强度为

$$\begin{cases} E_x = -\dfrac{\partial U}{\partial X} = \dfrac{\rho_m I}{4\pi}\dfrac{X}{\left(X^2+Y^2+\lambda^2 Z^2\right)^{3/2}} \\[2mm] E_y = -\dfrac{\partial U}{\partial Y} = \dfrac{\rho_m I}{4\pi}\dfrac{Y}{\left(X^2+Y^2+\lambda^2 Z^2\right)^{3/2}} \\[2mm] E_z = -\dfrac{\partial U}{\partial Z} = \dfrac{\rho_m I}{4\pi}\dfrac{Z}{\left(X^2+Y^2+\lambda^2 Z^2\right)^{3/2}} \end{cases} \quad (A.74)$$

$$E = \sqrt{E_x^2+E_y^2+E_z^2} = \frac{\rho_m I}{4\pi}\frac{\left(X^2+Y^2+\lambda^4 Z^2\right)^{1/2}}{\left(X^2+Y^2+\lambda^2 Z^2\right)^{3/2}} \quad (A.75)$$

如图 A.5 所示,当点电源 $A(I)$ 置于均匀非各向同性半无限岩层的地面时,并以它为坐标原点,取 Z 轴垂直于层理,Y 轴位于地表沿岩层走向,用简单加倍的办法代替地面的影响,则 M 点的电位的表达式为

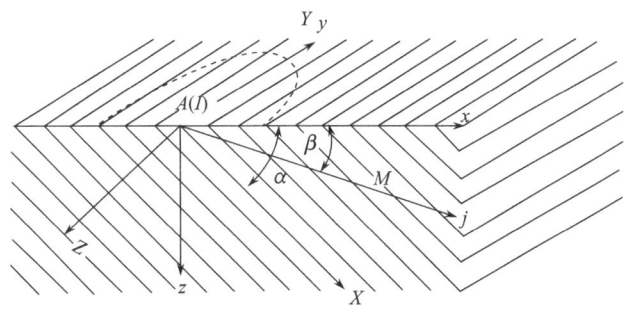

图 A.5 均匀非各向同性半无限岩层地面点源电场

$$U = \frac{I\rho_m}{2\pi(X^2 + Y^2 + \lambda^2 Z^2)^{1/2}} \tag{A.76}$$

为了方便，将(X, Y, Z)坐标系保持原点不动，绕Y轴逆时针方向旋转α角(图A.5所示)，α角为层理面与地面的夹角，新坐标用(x, y, z)表示，则x轴亦在地表面上，z轴垂直于地面，显然新旧坐标系的关系为

$$X = x\cos\alpha + z\sin\alpha, \quad Y = y, \quad Z = -x\sin\alpha + z\cos\alpha$$

将它代入式(A.76)可得

$$U = \frac{I\rho_m}{2\pi(Ax^2 + y^2 + BZ^2 - 2Cxz)^{1/2}} \tag{A.77}$$

式中，$A = 1 + (\lambda^2 - 1)\sin^2\alpha$，$B = 1 + (\lambda^2 - 1)\cos^2\alpha$，$C = (\lambda^2 - 1)\sin\alpha\cos\alpha$。令$z=0$，由式(A.77)可得地面上电位表达式：

$$U = \frac{I\rho_m}{2\pi(Ax^2 + y^2)^{1/2}} \tag{A.78}$$

将上式改成极坐标形式，令$x = r\cos\varphi, y = r\sin\varphi$，则有

$$U = \frac{I\rho_m}{2\pi r\left[1 + (\lambda^2 - 1)\sin^2\alpha\cos^2\varphi\right]^{1/2}} \tag{A.79}$$

由于y轴为层理面的走向，x轴为层理面的倾向，所以φ为r与层理面倾向间的夹角，由上式可求得r方向的电场强度：

$$E_r = -\frac{\partial U}{\partial r} = \frac{I\rho_m}{2\pi r^2\left[1 + (\lambda^2 - 1)\sin^2\alpha\cos^2\varphi\right]^{1/2}} \tag{A.80}$$

因而，在r方向测得的梯度排列的视电阻率为

$$\rho_s = 2\pi r^2 \frac{E_r}{I} = \frac{\rho_m}{\left[1 + (\lambda^2 - 1)\sin^2\alpha\cos^2\varphi\right]^{1/2}} \tag{A.81}$$

彩　　图

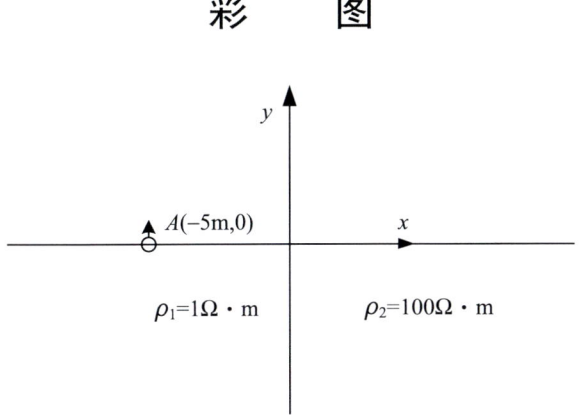

(a) 垂直层状示意图

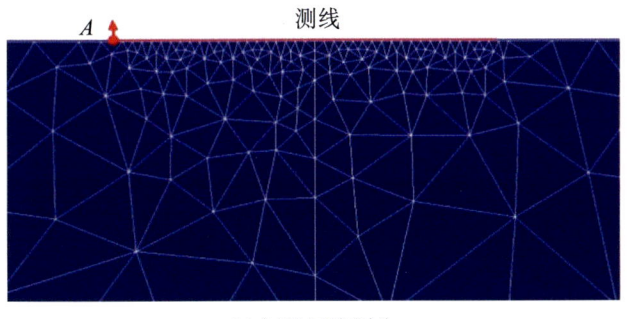

(b) 初始网格剖分

图 3.11　垂直接触面模型

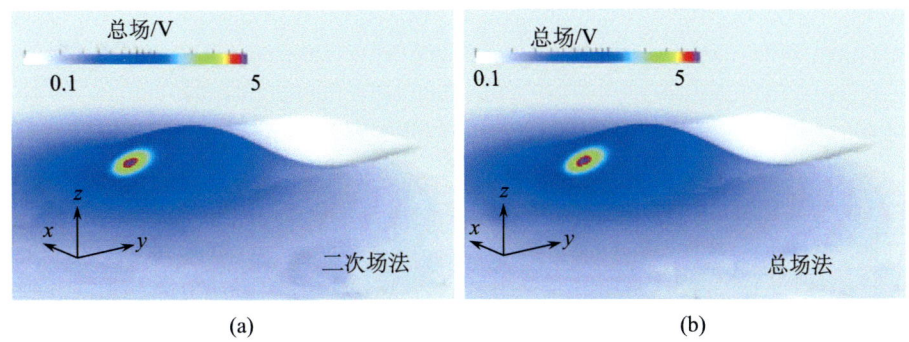

图 5.5　山脉峡谷地形，二次场计算出的总场分布(a)和总场法计算出的总场分布(b)(Li et al.，2013)局部图示，一个点源位于山脉表面，使附近的电场值很高。图中可以看出两种方法有很好的一致性，两种方法的网格参数如表 5.1 所示

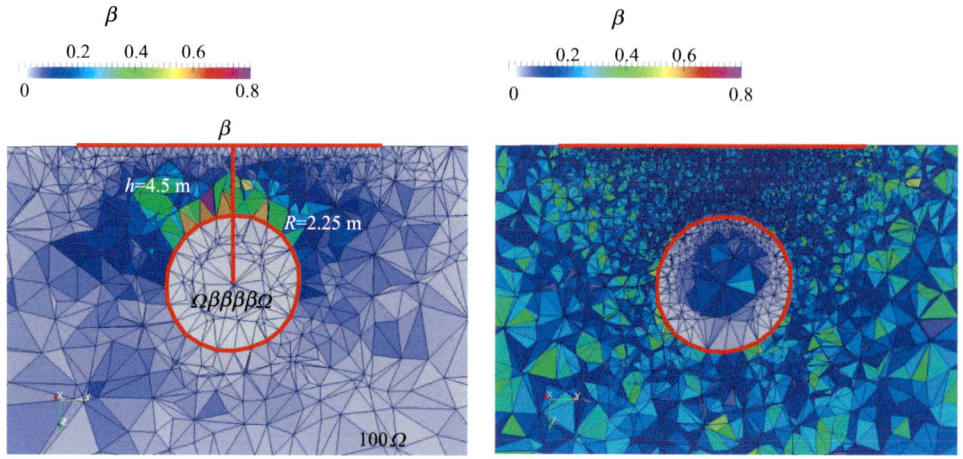

图 5.10 在面 $x=0$ 上关于异常球体模型的第 5 次和第 10 次网格的相对误差指标 β_k 的说明。源电极的坐标为 $(0,0,0)$。电极对称分布在 y 轴 $-5m$ 到 $5m$ 的范围内，间隔为 $0.25m$。请注意 β_k 值大的区域在下一步叠加时网格需要被修正

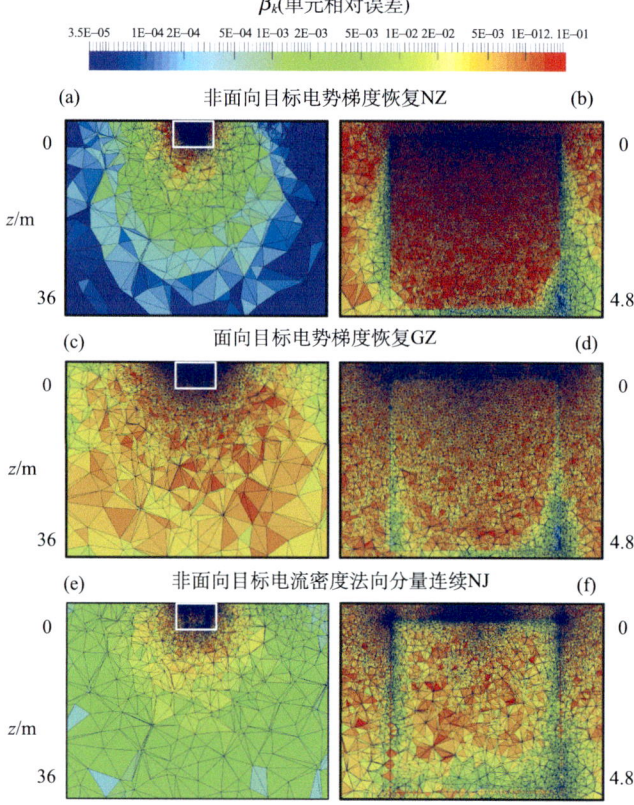

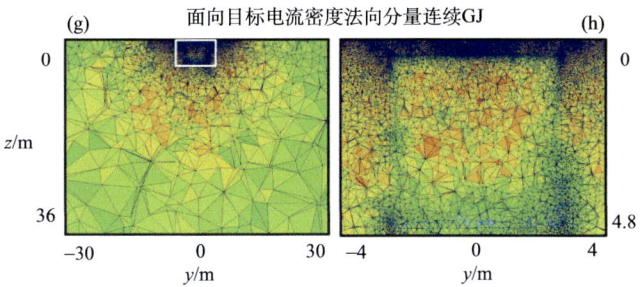

图 6.11 均匀半空间中埋藏单个立方块模型的切片 $x=0$ 的相对单元误差 β_k 的网格密度分布，(a)表示通过非面向目标的方法 NZ 计算得到的最后一次网格单元相对误差的局部网格密度分布图，(b)表示(a)中白色框标记区域的放大视图，类似的图(c)和(d)由面向目标的方法 GZ 计算得到，图(e)和(f)由非面向目标的方法 NJ 计算而来，图(g)和(h)由面向目标的方法 GJ 求解得到

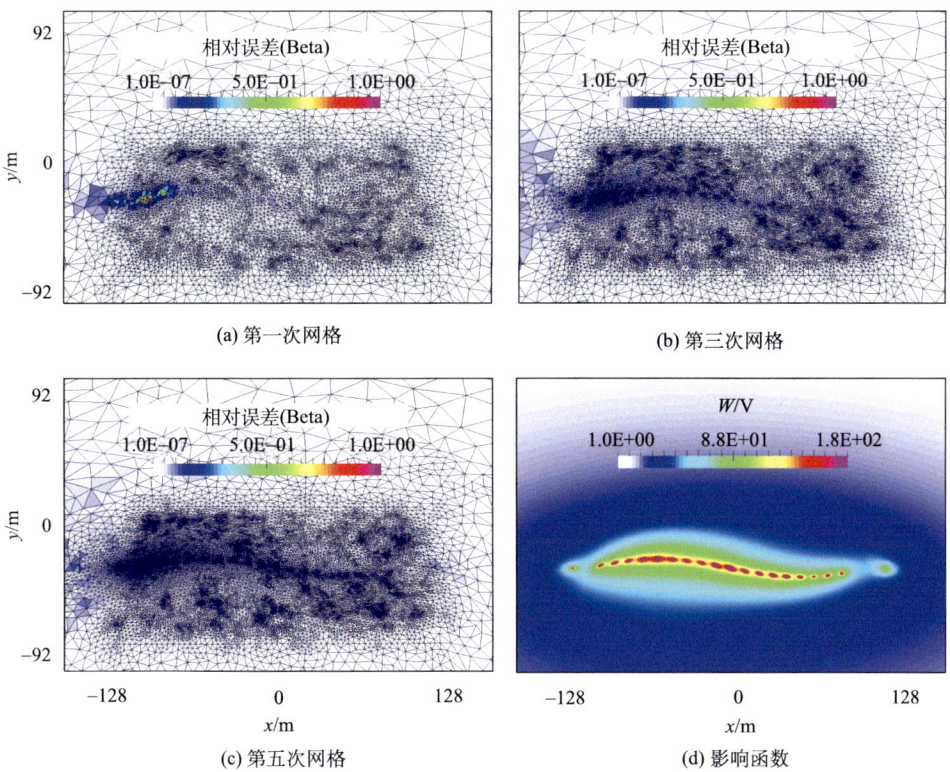

图 6.15 (a)(b)(c)表示山脉峡谷模型三次修正网格的单元相对误差分布图，(d)表示最后一次网格影响函数 W 的分布图

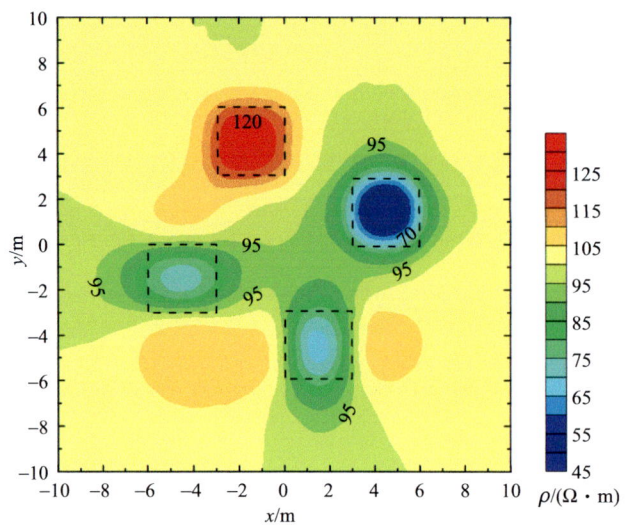

图 6.17 张量视电阻率的 P2 旋转不变量（Bibby，1986）等值线图，黑色虚线框是四个立方块在地表的投影，相应电阻率参数为：A: 10，B: 1000，C: $\rho_1/\rho_2/\rho_3$=100/10/100，$\alpha/\beta/\gamma$=0°/0°/0°，D: $\rho_1/\rho_2/\rho_3$=100/10/10，$\alpha/\beta/\gamma$=0°/90°/0°，电阻率单位 $\Omega \cdot m$

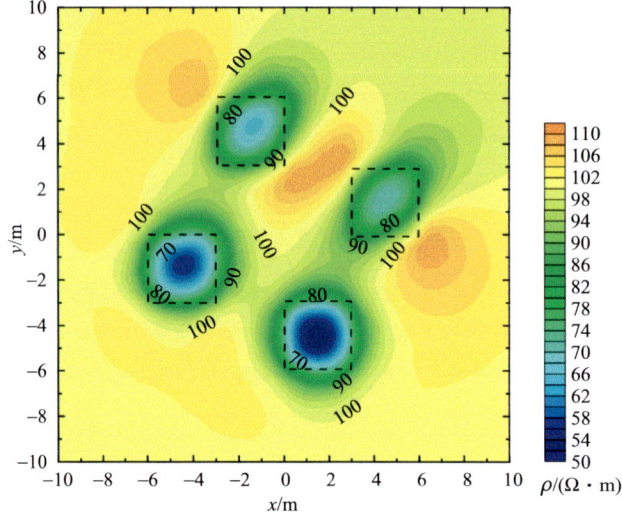

图 6.18 张量视电阻率的 P2 旋转不变量等值线图，四个立方块的主轴电阻率相同：$\rho_1/\rho_2/\rho_3$=100/10/10。但是倾角不同：A: $\alpha/\beta/\gamma$=0°/45°/0°，B: $\alpha/\beta/\gamma$=30°/45°/0°，C: $\alpha/\beta/\gamma$=60°/45°/0°，D: $\alpha/\beta/\gamma$=90°/45°/0°，电阻率单位 $\Omega \cdot m$